5

Untersuchungen an Funktionen mit Hilfe der Differenzialrechnung

Monotonie

Arbeitsbuch 9, Seite 108:
Eine Funktion heißt **streng monoton wachsend (fallend) in einem Intervall**, wenn in diesem Intervall die Funktionswerte für wachsendes x größer (kleiner) werden.

1. Die Abbildung zeigt den Graphen einer Funktion $f: [-4;\infty[\to \mathbb{R}$.

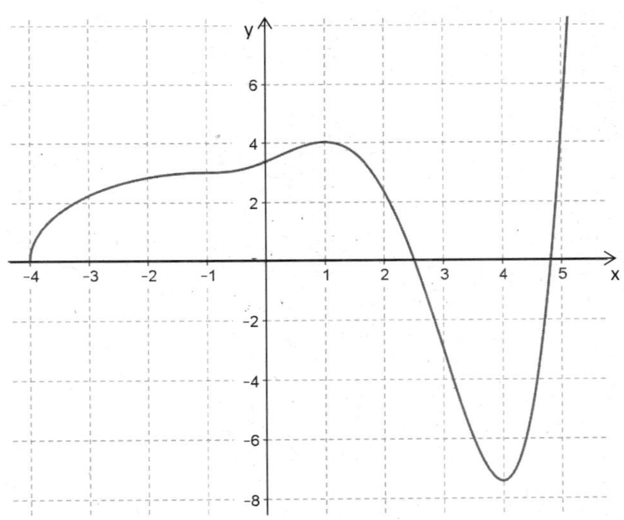

a) In welchen (größtmöglichen) Intervallen ist f …

- … streng monoton wachsend?
- … streng monoton fallend?

b) Hat Silvester Recht?

f ist in jedem Teilintervall von $[-4;1]$ streng monoton wachsend.

2. Präzisere Definition

a) Präzisiere die Definitionen der **strengen Monotonie** anhand der nachstehenden Abbildungen.

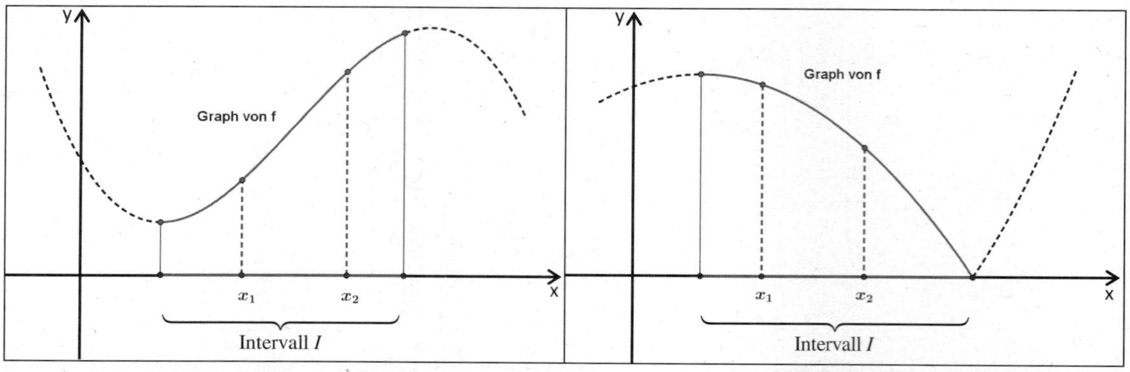

Definition

Sei f: D → ℝ eine Funktion und I ⊂ D ein Intervall.

- Die Funktion f heißt **streng monoton wachsend in I**, wenn

- Die Funktion f heißt **streng monoton fallend in I**, wenn

b) Formuliere die Negation.

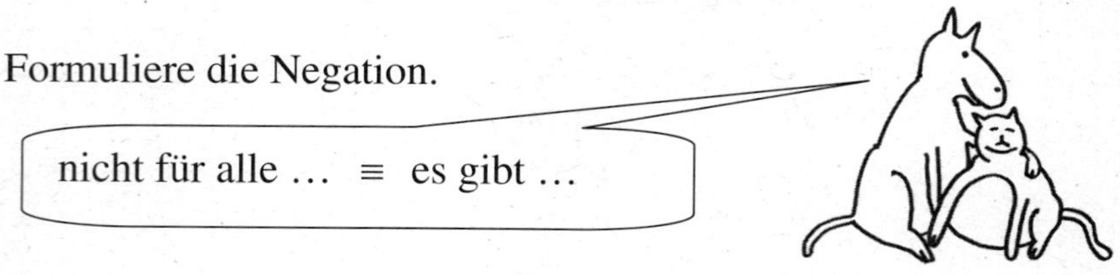

Sei f: D → ℝ eine Funktion und I ⊂ D ein Intervall.

- Die Funktion f ist nicht streng monoton wachsend in I, wenn

- Die Funktion f ist nicht streng monoton fallend in I, wenn

c) Gegeben ist die Funktion f auf ℝ mit $f(x) = \begin{cases} x, \text{ wenn } x \in \mathbb{Q} \\ 1, \text{ wenn } x \in \mathbb{R} \setminus \mathbb{Q} \end{cases}$.

Begründe, dass f nicht streng monoton in ℝ ist, d. h. weder streng monoton wachsend noch streng monoton fallend ist.

3. Erkläre anhand der abgebildeten Funktion, was man unter einer **monoton wachsenden** Funktion versteht.

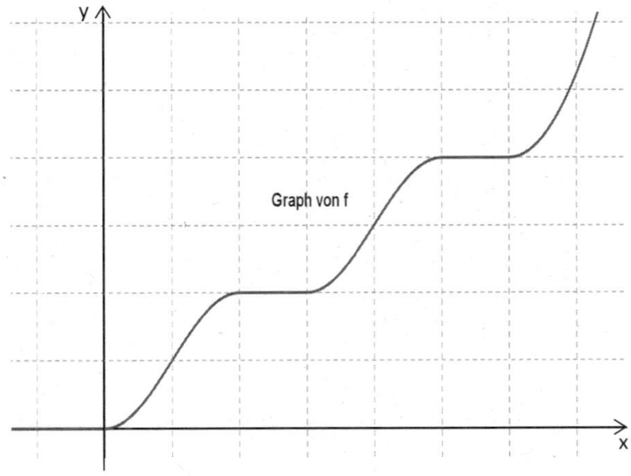

4. a) Hier wird gezeigt, wie man Funktionen mit Hilfe der Definition auf strenge Monotonie untersuchen kann. Erkläre die Vorgehensweise und die Rechenschritte.

Untersuche die Funktion f mit $f(x)=\frac{1}{5-x}$ in $]-\infty;5[$ auf Monotonie.

Seien $x_1, x_2 \in]-\infty;5[$ mit $x_1 < x_2$.

$$f(x_2)-f(x_1) = \frac{1}{5-x_2} - \frac{1}{5-x_1} = \frac{(5-x_1)-(5-x_2)}{(5-x_1)\cdot(5-x_2)} = \frac{x_2-x_1}{(5-x_1)\cdot(5-x_2)}$$

$$= \underbrace{\frac{1}{(5-x_1)\cdot(5-x_2)}}_{>0 \text{ für } x_1,\, x_2<5} \cdot \underbrace{(x_2-x_1)}_{>0} > 0$$

Daraus folgt: $f(x_1) < f(x_2)$.

Ergebnis: f ist in $]-\infty;5[$ streng monoton wachsend.

b) Untersuche die Funktion f aus a) auf Monotonie im Intervall $]5;\infty[$.

c) *Im Heft:* Untersuche die Funktion g mit $g(x)=\frac{x}{x-1}$ in $]1;\infty[$ auf Monotonie.

5.

a) Zeichne den Graphen einer Funktion mit …

① $f'(x) > 0$ für alle $x \in I$	② $f'(x) < 0$ für alle $x \in I$
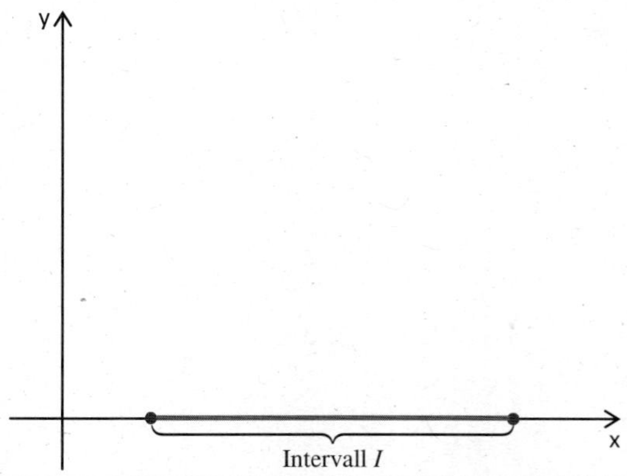	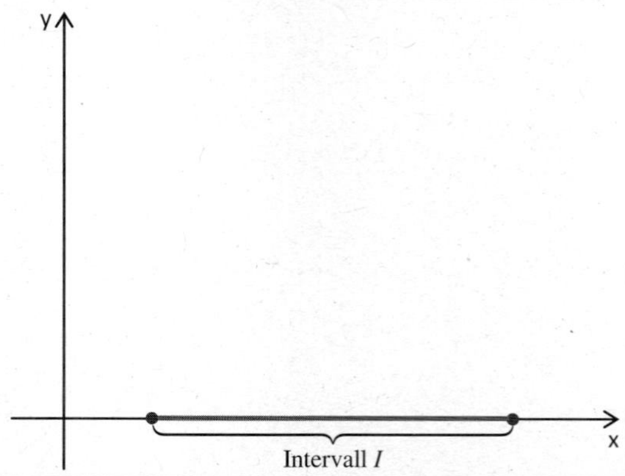

b) Welches Monotonieverhalten zeigen die beiden Funktionen?
Formuliere Wenn-dann-Sätze.

①	②

c) Beweise die Sätze in b).

Seien $x_1, x_2 \in I$ mit $x_1 < x_2$.

$f(x_2) - f(x_1) =$

Mittelwertsatz anwenden

d) Löse Aufgabe 4a) erneut, diesmal mit Hilfe von b).

e) Zeige:

- Die Funktion k mit $k(x) = \frac{1}{3}x^3 + x - 2$ ist streng monoton wachsend in $\mathbb{R}$.
- Die Funktion r mit $r(x) = \frac{1}{x} - x$ ist streng monoton fallend in $]0;\infty[$.

6. a) Die Abbildungen zeigen die Graphen dreier Funktionen über abgeschlossenen Intervallen.

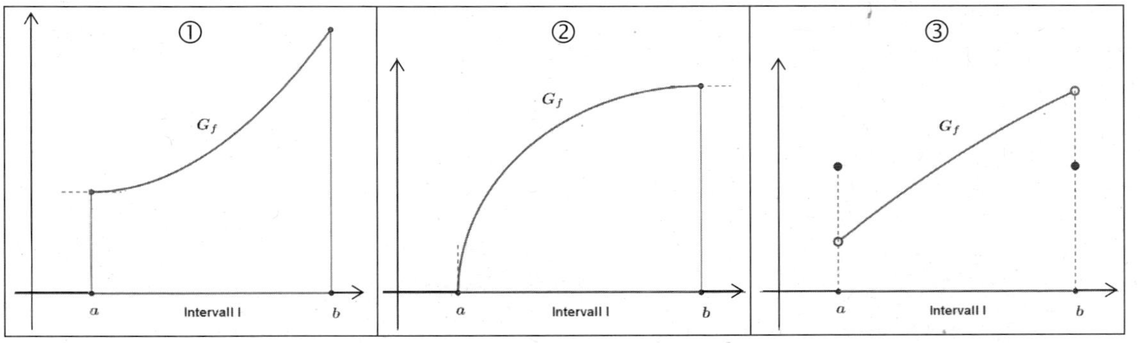

Mache Aussagen über das Monotonieverhalten von f und das Verhalten der Ableitung f'.

b) Damit eine Funktion f in einem abgeschlossenen Intervall streng monoton wachsend ist, reicht es hin, dass $f'(x)$ im Innern des Intervalls positiv ist und f am Rand stetig.

Ergänze.

Monotoniekriterium

Die Funktion f sei im Intervall I stetig und im Innern von I differenzierbar. Dann gilt:

- Ist $f'(x) > 0$ im Innern von I, so
-
-

c) Bist du einverstanden?

7. • Silvester zeigt, wie man mit Hilfe des Monotoniekriteriums eine Funktion auf strenge Monotonie untersucht:

$f: [0;1] \to \mathbb{R}, x \mapsto x - 2 \cdot \sqrt{x}$

f ist in $[0;1]$ stetig und in $]0;1[$ differenzierbar.

$f'(x) = 1 - \frac{1}{\sqrt{x}} = \frac{\sqrt{x} - 1}{\sqrt{x}} < 0$ für alle $x \in]0;1[$

Daraus folgt: f ist streng monoton fallend in $[0;1]$.

• Untersuche nun selbst mit Hilfe des Monotoniekriteriums auf strenge Monotonie.

a) $f: \mathbb{R} \to \mathbb{R},\ x \mapsto 1 + x + x^3 + x^5$

b) $f: [-1;\infty[\to \mathbb{R},\ x \mapsto \frac{1}{2}x^2 + x$

c) $f:]-\infty;1] \to \mathbb{R},\ x \mapsto 5 + \frac{1}{4} \cdot (x-1)^4$

d) $f:]0;2] \to \mathbb{R},\ x \mapsto \frac{1}{4}x + \frac{1}{x}$

e) $f: [0;9] \to \mathbb{R},\ x \mapsto 6 \cdot \sqrt{x} - x - 1$

f) $f:]-1;1[\to \mathbb{R},\ x \mapsto \frac{1}{x-1} + \frac{1}{x+1}$

8. Silvester untersucht eine Funktion auf strenge Monotonie.

$f: \mathbb{R}^* \to \mathbb{R},\ x \mapsto x - \frac{1}{x}$

f ist in $\mathbb{R}^*$ differenzierbar.

$f'(x) = 1 + \frac{1}{x^2} > 0$ für alle $x \in \mathbb{R}^*$.

f ist also streng monoton wachsend in $\mathbb{R}^*$.

Da stimmt was nicht, denn $f(-1) = f(1) = 0$.

a) Was macht Silvester falsch?

b) Zeichne mit einer Kurvensoftware den Graphen von f und beschreibe das Monotonieverhalten der Funktion.

9. Untersuche, ob folgende Aussage wahr ist.

Ist f im Intervall I differenzierbar und streng monoton wachsend, dann ist $f'(x) > 0$ im Innern von I.

10. Monotonie-Intervalle

a) Die Abbildung zeigt den Graphen der Funktion f auf $\mathbb{R}^*$ mit $f(x) = \frac{1}{x^2} - \frac{1}{x}$.

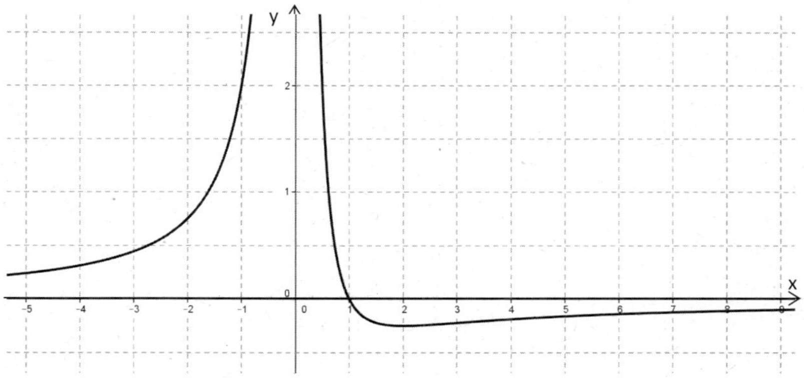

Zerlege die Definitionsmenge von f in möglichst große Intervalle, in denen f entweder streng monoton wächst oder fällt. Diese Intervalle heißen **Monotonieintervalle von f**; markiere sie farbig.

b) Hier wird gezeigt, wie man die Monotonieintervalle rechnerisch bestimmt.
Lies die Lösung aufmerksam.

Bestimme die Monotonieintervalle von $f: \mathbb{R}^* \to \mathbb{R}, x \mapsto \frac{1}{x^2} - \frac{1}{x}$.

- Ableitung: $f'(x) = -\frac{2}{x^3} + \frac{1}{x^2} = \frac{-2+x}{x^3}$.
- Die Ableitung ist stetig, kann also nur an ihren Nullstellen und Definitionslücken ihr Vorzeichen ändern.

  Nullstelle von f': 2

  Definitionslücke von f': 0
- Vorzeichenbestimmung:

x		0		2	
f'(x)	+	|	−	0	+

  Nebenrechnung: $f'(-1) = 3 > 0$, $f'(1) = -1 < 0$, $f'(3) = \frac{1}{27} > 0$
- Ergebnis:

  f ist in $]-\infty; 0[$ und in $[2; \infty[$ streng monoton wachsend,

  in $]0; 2]$ streng monoton fallend.

c) Bestimme auf die gleiche Weise die Monotonieintervalle von $f: \mathbb{R}^* \to \mathbb{R}, x \mapsto \frac{1}{x} - \frac{2}{x^2}$.

11. Bestimme die Monotonieintervalle der Funktion $f: \mathbb{R} \to \mathbb{R}$.

a) $f(x) = x^2 - 3x + 4$ c) $f(x) = x^3 + 3x^2$ e) $f(x) = \frac{1}{2}x^4 - 4x^2 - 3$

b) $f(x) = 1 + 9x - \frac{1}{3}x^3$ d) $f(x) = \frac{1}{4}x^4 - x + 7$ f) $f(x) = x^4 + \frac{4}{3}x^3$

12. Bestimme die Monotonieintervalle der Funktion $f: D_{\max} \to \mathbb{R}$.

a) $f(x) = x + \frac{4}{x}$ c) $f(x) = x - 4 \cdot \sqrt{x}$

b) $f(x) = \frac{1}{x} - \frac{1}{x-2}$ d) $f(x) = \sqrt{x} + \sqrt{10 - x}$

13. a) Die Abbildung zeigt den Graphen der **Ableitung** $f': [-1;4] \to \mathbb{R}$ einer Funktion f.

Lies daraus die Monotonieintervalle von f' und von f ab.

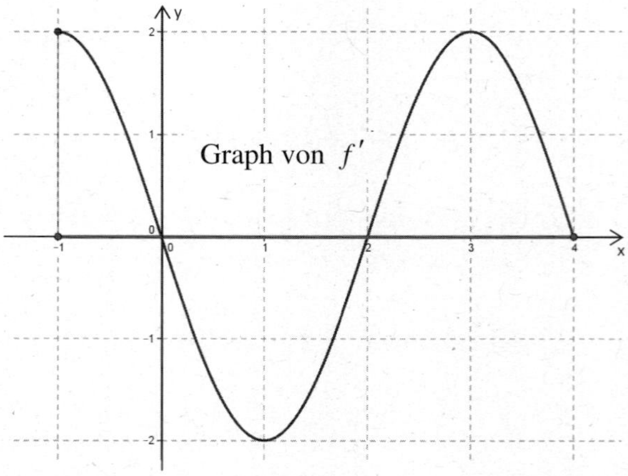

b) Gegeben ist der Graph der Ableitung einer Funktion $f: \mathbb{R} \to \mathbb{R}$.
Lies daraus das Monotonieverhalten der Funktion ab.

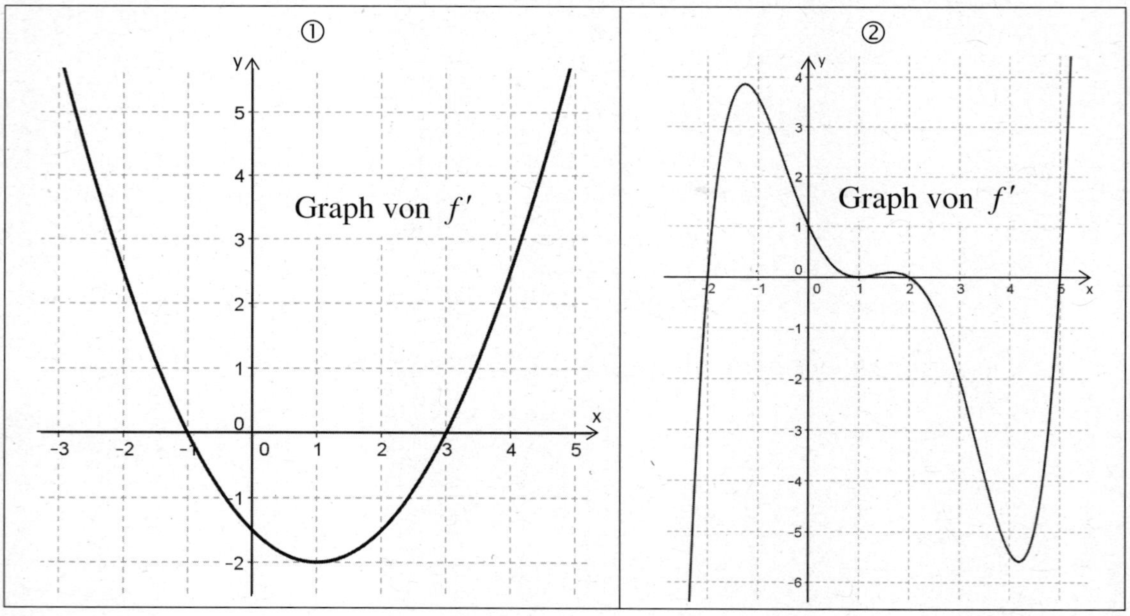

14. Gegeben ist die Funktionenschar $f: \mathbb{R} \to \mathbb{R},\ x \mapsto x^3 - ax$ mit $a \in \mathbb{R}$.

a) Welche Funktionen der Schar sind streng monoton wachsend in $\mathbb{R}$?

b) Ermittle für die übrigen Funktionen die Monotonieintervalle.

Extremstellen und Extremwerte

15. Die Abbildung zeigt den Graphen einer Funktion $f: \mathbb{R} \to \mathbb{R}$.

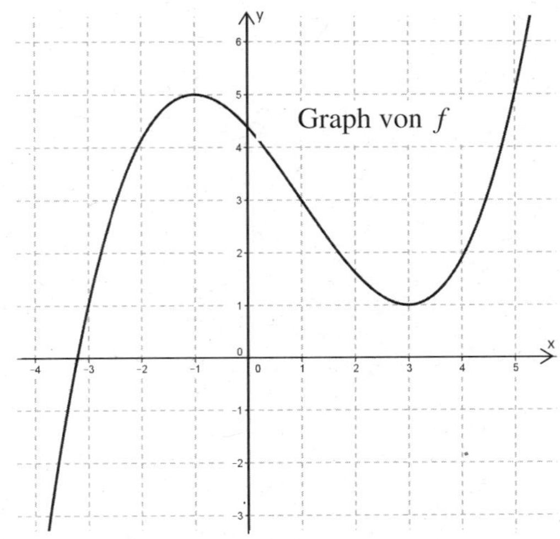

a) Lies am Graphen die Monotonieintervalle von f ab.

b) Beschreibe das Verhalten der Funktion an den Stellen, an denen zwei Monotonieintervalle zusammentreffen.

c) Erkläre, warum Wurzel und Silvester das Adjektiv „lokal" benutzen. Hat f ein **globales Maximum** (**Minimum**)?

d) Vervollständige.

Definition

Sei $f: D \to \mathbb{R}$ eine Funktion.

- Eine Stelle $x_0 \in D$ heißt **lokale Maximumstelle von f**, wenn

  Der Funktionswert $f(x_0)$ heißt

- Eine Stelle $x_0 \in D$ heißt **lokale Minimumstelle von f**, wenn

16. Die Abbildung zeigt den Graphen einer (differenzierbaren) Funktion $f : [-10;15] \to \mathbb{R}$.

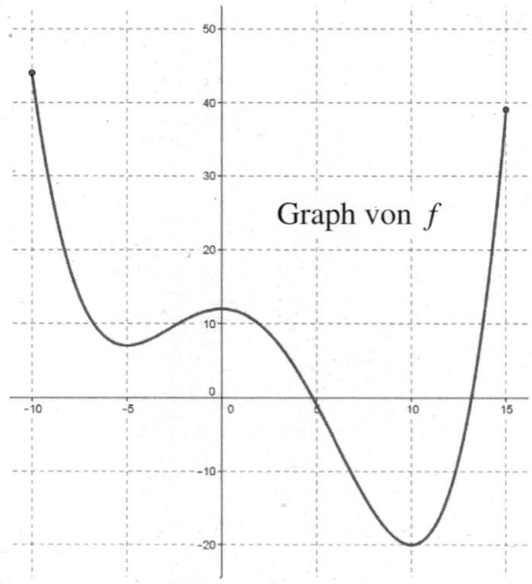

a) Lies das globale Maximum und Minimum von f ab.

b) Gib die lokalen Extremstellen und Extremwerte an.

c) Richtig oder falsch?

Die globalen Extremstellen sind zugleich auch lokale Extremstellen.

d) Ergänze.

Als Extremstellen (lokale oder globale) einer differenzierbaren Funktion kommen nur in Frage:

e) Stimmt Silvesters Behauptung wirklich?

Jede Nullstelle der Ableitung ist Extremstelle!

Denk mal an die Funktion k auf $\mathbb{R}$ mit $k(x) = x^3$ …

17. a) Bestimme rechnerisch die lokalen Extremstellen und Extremwerte der Funktion

$f: \mathbb{R} \to \mathbb{R},\ x \mapsto \frac{1}{8} \cdot \left(x^3 - 3x^2 - 9x + 35\right).$

- Ableitung: $f'(x) = \frac{1}{8} \cdot (3x^2 - 6x - 9) = \frac{3}{8} \cdot (x^2 - 2x - 3) = \frac{3}{8} \cdot (\quad) \cdot (\quad).$
- Nullstellen von f':
- Extremstellenentscheidung

x	
f'(x)	
f(x)	

- Extremwerte:
- Ergebnis:

b) Der Graph von f ist in Aufgabe 15 abgebildet. Kontrolliere dein rechnerisches Ergebnis anhand der Abbildung.

c) Ergänze.

Extremstellenkriterium

Sei f in einer Umgebung von x_0 differenzierbar. Dann gilt:

- Hat f' bei x_0 einen Vorzeichenwechsel von + nach -, so
-

18. Bestimme die lokalen Extremstellen und Extremwerte von $f: \mathbb{R} \to \mathbb{R}$.

a) $f(x) = \frac{2}{3}x^3 - 3x^2 + 5$

b) $f(x) = 250 + 75x - x^3$

c) $f(x) = \frac{2}{3}x^3 + x^2 - 4x - \frac{2}{3}$

d) $f(x) = x^4 + 4x + 5$

e) $f(x) = \frac{7}{4} + \frac{3}{2}x^2 - \frac{1}{4}x^4$

f) $f(x) = \frac{3}{4}x^4 - 2x^3 + 1$

19. Die Abbildung zeigt den Graphen der Funktion f mit

$$f(x) = \frac{1}{5}x^5 - \frac{1}{4}x^4 - \frac{2}{3}x^3 + \frac{14}{15}.$$

Berechne die Koordinaten des **Hochpunktes** H, des **Tiefpunktes** T sowie des **Sattelpunktes** S.

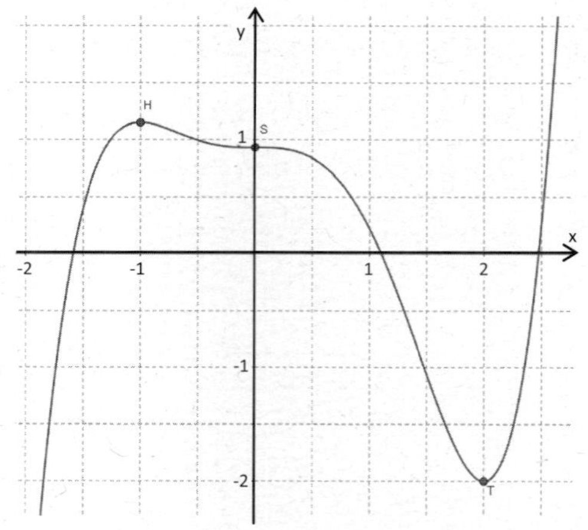

20. a) Die Abbildung zeigt den Graphen der Funktion $f: x \mapsto x + \frac{1}{2x^2}$.

Berechne den lokalen Extrempunkt.

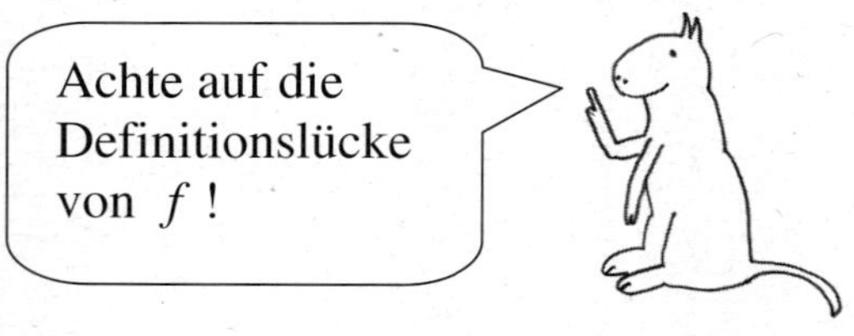

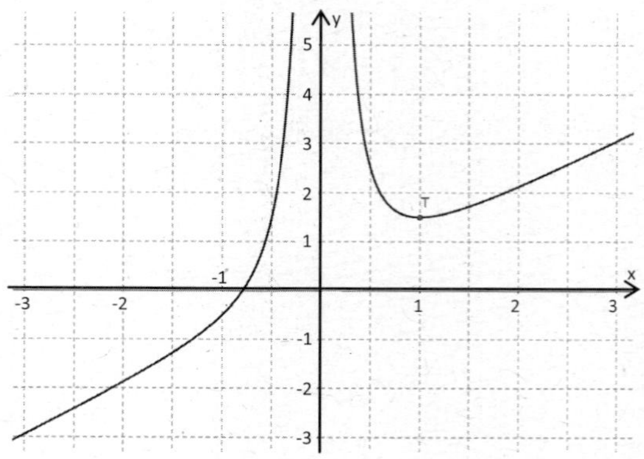

b) Berechne die lokalen Extremstellen und Extremwerte.

① $f: x \mapsto 1 + x + \frac{9}{x}$ ② $f: x \mapsto x^2 + \frac{1}{x^2}$ ③ $f: x \mapsto \frac{1}{x} - \frac{1}{x-4}$

21. Gegeben sind die Funktionen f und g auf $\mathbb{R}$ mit

$$f(x) = 4 - |x| \text{ und } g(x) = \begin{cases} 4 - |x|, & \text{wenn } x \neq 0 \\ 3, & \text{wenn } x = 0 \end{cases}.$$

Beide Funktionen sind an der Stelle 0 nicht differenzierbar.

a) Zeige: f' und g' haben an der Stelle 0 einen Vorzeichenwechsel.

b) Prüfe Silvesters Aussage, indem du die Graphen der Funktionen zeichnest.

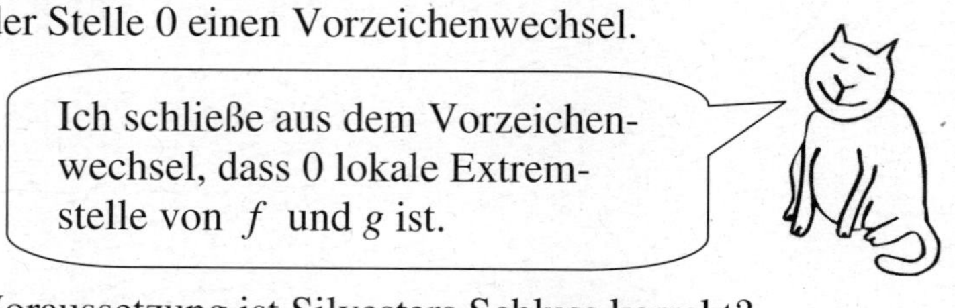

c) Unter welcher zusätzlichen Voraussetzung ist Silvesters Schluss korrekt?

d) Ergänze.

Im Extremstellenkriterium benötigt man gar nicht die Differenzierbarkeit von f an der Stelle x_0. Es genügt, dass

e) Gegeben ist die Funktion h auf $\mathbb{R}$ mit $h(x) = \begin{cases} 1 - x, & \text{wenn } x \leq 1 \\ (1-x)^2, & \text{wenn } x > 1 \end{cases}.$

Zeige rechnerisch, dass 1 lokale Extremstelle von h ist.

22. Einbeschriebenes Rechteck

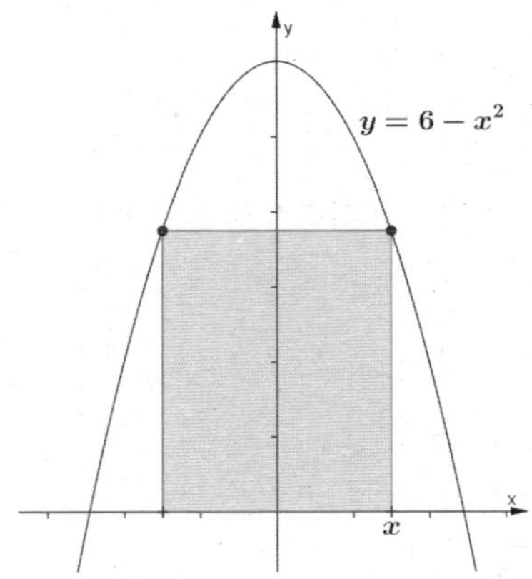

Der Parabel mit der Gleichung $y = 6 - x^2$ ist gemäß nebenstehender Abbildung ein Rechteck einbeschrieben.

a) Zeige: Das Rechteck hat den Flächeninhalt

$$A(x) = 12\,x - 2\,x^3 .$$

b) Bei welcher Wahl von x ist der Flächeninhalt des Rechtecks maximal? Wie groß ist dieser maximale Inhalt?

23. Schachtel ohne Deckel

Von einem quadratischen Stück Pappe mit der Seitenlänge 30 cm werden an den vier Ecken Quadrate der Seitenlänge x abgeschnitten. Aus dem Rest wird eine nach oben offene Schachtel gefaltet.

a) Fertige ein Modell oder eine Skizze an.

b) Zeige: Die Schachtel hat das Volumen $V(x) = 4\,x^3 - 120\,x^2 + 900\,x$.

Wie muss die Definitionsmenge der Funktion V aus geometrischen Gründen gewählt werden?

c) Wie ist x zu wählen, damit die Schachtel ein möglichst großes Volumen hat? Berechne dieses maximale Volumen.

Optische Täuschung

Gewiss hast du schon einen Film gesehen, in dem eine Kutsche von Indianern verfolgt wird. Manchmal sieht es so aus, als stünden die Räder still oder drehten sich rückwärts.

Dies kommt daher, dass der Film aus Einzelbildern zusammengesetzt ist, die nacheinander projiziert werden. Dreht sich nun zwischen zwei Bildern das Rad gerade so weit, dass jede Radspeiche die Position ihres Vorgängers eingenommen hat, so scheint das Rad stillzustehen.

Nimm an, das Rad habe 12 Speichen und einen Durchmesser von 1,20 m.

Wie groß ist dann die Geschwindigkeit der Kutsche in $\frac{\text{km}}{\text{h}}$, wenn die Kamera 24 Bilder pro Sekunde aufgenommen hat?

Krümmung

24. Durchlaufe die Graphen in positiver x-Richtung.

Welche Kurve ist **linksgekrümmt** (Linkskurve), welche **rechtsgekrümmt** (Rechtskurve)?

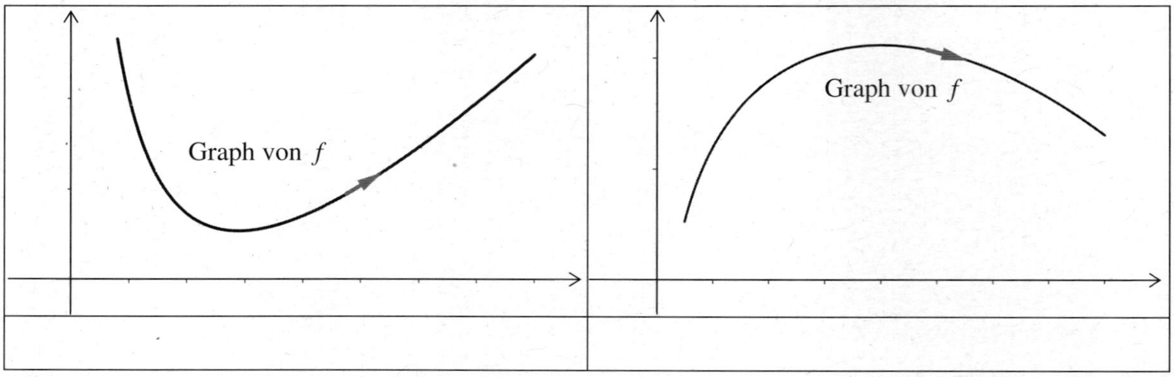

25. Zeichne den Graphen von $f: D_{\max} \to \mathbb{R}$. Lies aus der Zeichnung ab, in welchen Intervallen der Graph links- bzw. rechtsgekrümmt ist.

a) $f(x) = x^2 - 4$ c) $f(x) = \sqrt{x+3}$ e) $f(x) = \frac{1}{x-1}$

b) $f(x) = |x^2 - 4|$ d) $f(x) = 1 - x^3$ f) $f(x) = x^{-2}$

26. Definition des Krümmungssinns

a) Die Abbildung zeigt den Graphen der Funktion $f: x \mapsto \frac{1}{4}x^2 + 1$.

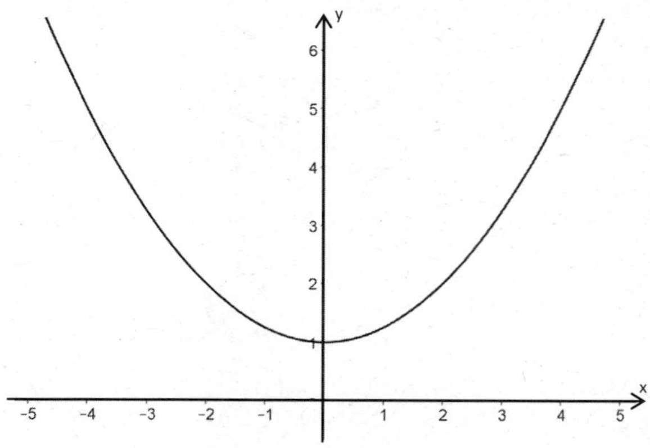

- Zeichne die Tangenten an G_f an den Stellen $-4, -3, -2, \ldots, 4$.

  Alternativ: Verwende eine Kurvensoftware (z. B. GeoGebra oder PMath) oder die App von D. Küntzer aus dem Softfrutti Verlag.

- Wie ändert sich die Steigung von G_f (= Tangentensteigung) mit wachsendem x?
- Wie ist der Graph von f gekrümmt?

b) Verfahre in gleicher Weise mit dem Graphen der Funktion $f: x \mapsto \sqrt{16 - x^2}$ (oberer Halbkreis um O mit Radius 4).

c) Zeichne freihändig Funktionsgraphen, deren Steigung
- mit wachsendem x zunimmt,
- mit wachsendem x abnimmt,
- konstant ist.

Wie wirkt sich die Zunahme bzw. Abnahme der Steigung auf den Verlauf des Graphen aus?

d) Ergänze.

Definition

f sei im Intervall I stetig und im Innern von I differenzierbar.

- G_f heißt **linksgekrümmt in I**, wenn

- G_f heißt **rechtsgekrümmt in I**, wenn

27. a) Die Abbildung zeigt den Graphen der Funktion f auf $\mathbb{R}$ mit

$$f(x) = \frac{x^4}{12} + \frac{x^2}{2} - x - 2\,.$$

Bestätige durch Rechnung, dass der Graph von f linksgekrümmt ist.

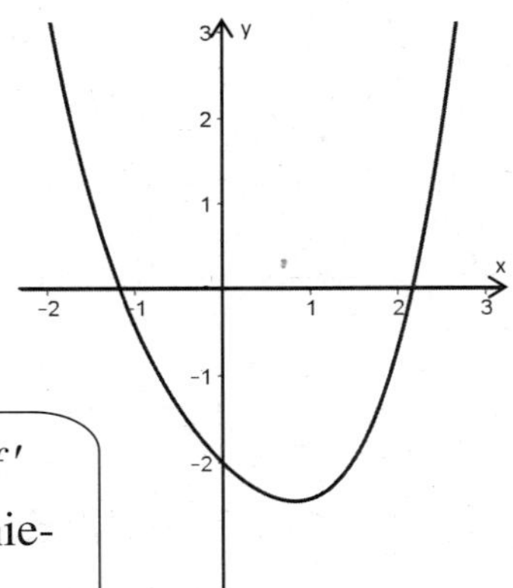

b) Untersuche das Krümmungsverhalten von $f: \,]0;\infty[\, \to \mathbb{R},\ x \mapsto x - \frac{1}{x}$.

c) Ergänze.

Krümmungskriterium	**Pons asinorum**
Die Funktion f sei im Intervall I stetig und im Innern von I zweimal differenzierbar. Dann gilt: • •	$f''(x)$ positiv ⇓ ☺ Linkskurve $f''(x)$ negativ ⇓ ☹ Rechtskurve

28. a) Die Abbildung zeigt den Graphen der Funktion f auf $\mathbb{R}^*$ mit $f(x)=\frac{1}{10}\cdot\left(x^2-\frac{27}{x}\right)$.

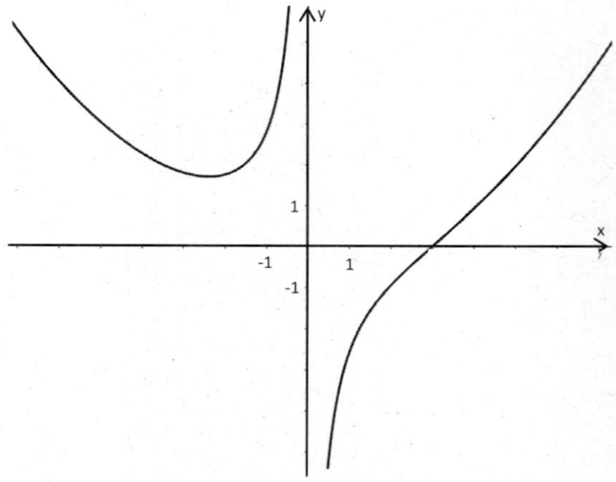

Zerlege die Definitionsmenge von f in möglichst große Intervalle, in denen G_f entweder links- oder rechtsgekrümmt. Diese Intervalle heißen **Krümmungsintervalle von** f; markiere sie farbig.

b) Hier wird gezeigt, wie man die Krümmungsintervalle rechnerisch bestimmt. Lies die Lösung aufmerksam.

Bestimme die Krümmungsintervalle von $f: \mathbb{R}^* \to \mathbb{R}, x \mapsto \frac{1}{10}\cdot\left(x^2-\frac{27}{x}\right)$.

- Ableitungen: $f'(x)=\frac{1}{10}\cdot\left(2x+\frac{27}{x^2}\right)$

  $f''(x)=\frac{1}{10}\cdot\left(2-\frac{54}{x^3}\right)=\frac{1}{5}\cdot\frac{x^3-27}{x^3}$

- Die 2. Ableitung ist stetig, kann also nur an ihren Nullstellen und Definitionslücken ihr Vorzeichen ändern.

  Nullstelle von f'': 3

  Definitionslücke von f'': 0

- Vorzeichenbestimmung:

x		0		3	
$f''(x)$	+	|	-	0	+

  NR: $f''(-1)=\frac{1}{5}\cdot\frac{-28}{-1}>0$, $f''(1)=\frac{1}{5}\cdot\frac{-26}{1}<0$, $f''(4)=\frac{1}{5}\cdot\frac{37}{64}>0$

- Ergebnis:

  G_f ist in $]-\infty;0[$ und in $[3;\infty[$ linksgekrümmt,

  in $]0;3]$ rechtsgekrümmt.

c) Bestimme ebenso die Krümmungsintervalle von $f: \mathbb{R}^* \to \mathbb{R}, x \mapsto 1+\frac{1}{x}+\frac{1}{x^2}$.

29. Bestimme rechnerisch die Krümmungsintervalle der beiden abgebildeten Graphen.

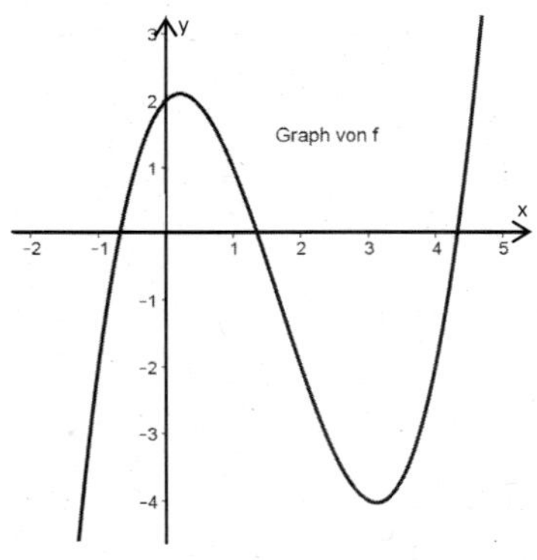	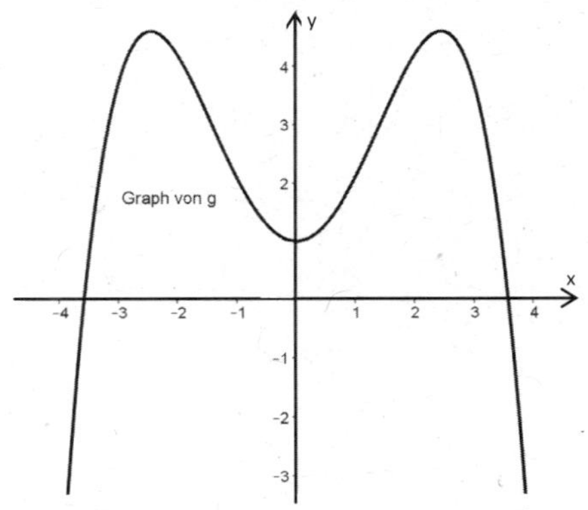
$f(x)=\frac{1}{2}x^3-\frac{5}{2}x^2+x+2$	$g(x)=1+\frac{6}{5}x^2-\frac{1}{10}x^4$

30. Bestimme die Krümmungsintervalle des Graphen von $f:\mathbb{R}\to\mathbb{R}$.

a) $f(x)=x^3-3x^2+x-3$

b) $f(x)=x-\frac{1}{6}x^3$

c) $f(x)=60+54x^2-x^4$

d) $f(x)=\frac{1}{2}x^4-2x^3-9x^2+5$

e) $f(x)=\frac{1}{20}x^5-\frac{8}{3}x^3+\frac{3}{8}x$

f) $f(x)=5x^4-\frac{3}{5}x^5$

31. Nebenstehende Abbildung zeigt den Graphen der **Ableitung** einer Funktion f auf $\mathbb{R}$.

Bestimme anhand der Zeichnung

- das Monotonieverhalten von f,
- das Krümmungsverhalten von G_f.

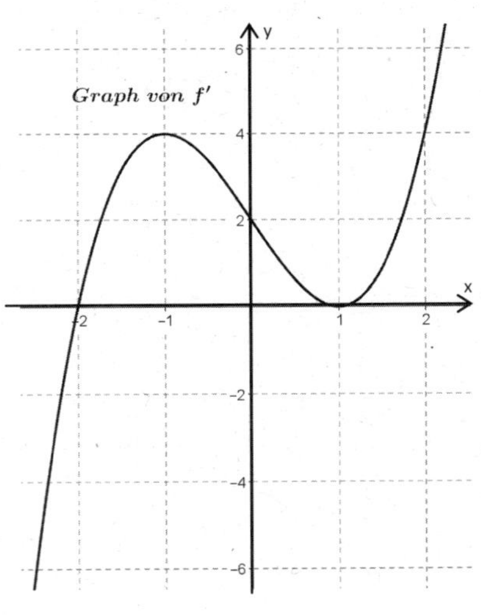

32. Gegeben ist die Funktionenschar $f:\mathbb{R}\to\mathbb{R},\ x\mapsto\frac{1}{6}x^4+a\,x^2$ mit $a\in\mathbb{R}$.

Ermittle das Krümmungsverhalten der Scharkurven in Abhängigkeit vom Parameter a.

33. Krümmungsmaß

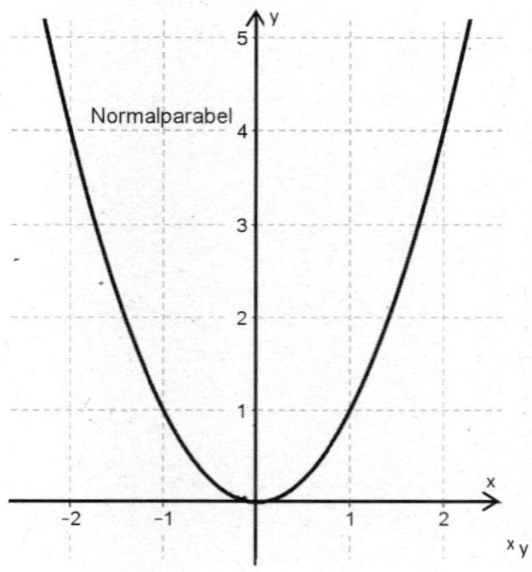

a) Die Abbildung zeigt den Graphen der Funktion f mit $f(x) = x^2$. Der Graph ist an verschiedenen Stellen unterschiedlich stark gekrümmt.

- Wo ist er am stärksten gekrümmt?
- Wie verhält sich die Krümmung des Graphen, wenn $x \to \pm\infty$ strebt?

b) Silvester hat eine Idee, wie man die Krümmung messen könnte.

$f''(x) :=$ Maß der Krümmung von G_f an der Stelle x?

Prüfe am Beispiel der Normalparabel, ob diese Definition sinnvoll ist.

c) Wurzel kennt die richtige Definition.

Krümmung des Graphen einer zweimal diff'baren Funktion f an der Stelle x:

$$\kappa(x) := \frac{f''(x)}{\left(1+\left(f'(x)\right)^2\right)^{\frac{3}{2}}}.$$

κ = Kappa, griech. Buchstabe

Eine Herleitung der Formel findest du auf der Website des Softfrutti Verlags (www.softfrutti.de) unter „Materialien".

Berechne für die Normalparabel

① die Krümmung $\kappa(x)$ an einer beliebigen Stelle $x \in \mathbb{R}$,

② die Krümmung an den Stellen 0, ± 1 und $\pm\sqrt{2}$,

③ den Grenzwert von $\kappa(x)$ für $x \to \infty$,

④ die Stellen, an denen die Krümmung $\frac{1}{4}$ ist.

d) Gibt es Punkte auf dem Graphen einer Funktion f, in denen $\kappa(x) = f''(x)$ ist?

Wendepunkte

34. Die Abbildung zeigt den Graphen einer Funktion $f: \mathbb{R} \to \mathbb{R}$.

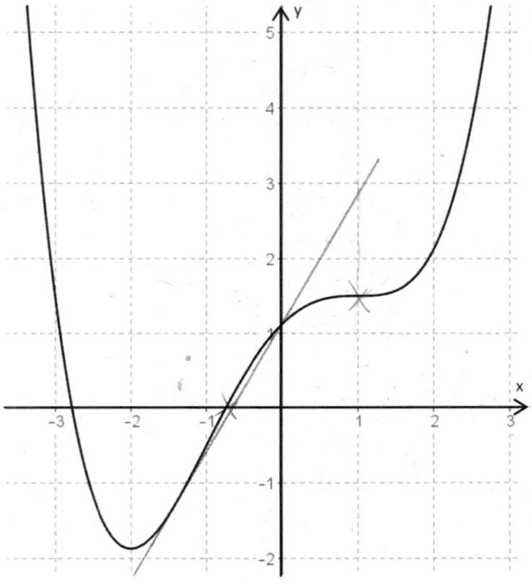

a) Lies am Graphen die Krümmungsintervalle von f ab.

$I_1 =]-\infty; -1]$
$I_2 =]-1; 1]$
$I_3 =]1; \infty[$

b) Markiere die Punkte, in denen der Graph seinen Krümmungssinn ändert.
Gib die Koordinaten dieser **Wendepunkte** an.

$W_1(0|-1)$
$W_2(1{,}5|1)$

c) Zeichne die Tangenten von G_f in den Wendepunkten (= **Wendetangenten**) und lies ihre Steigung ab.

$a = \frac{3}{2}$

Ein Wendepunkt mit waagerechter Tangente heißt **Sattelpunkt**.

d) Vervollständige.

Definition

Sei f: D → ℝ in einer Umgebung von $x_0 \in D$ differenzierbar.

- x_0 heißt **Wendestelle von f**, wenn

- Der Punkt

35. a) Die Abbildung zeigt den Graphen der Funktion f auf $\mathbb{R}$ mit $f(x) = \frac{3}{10}x^5 - x^4 + x + \frac{7}{5}$.

Berechne die Koordinaten des Wendepunktes W.

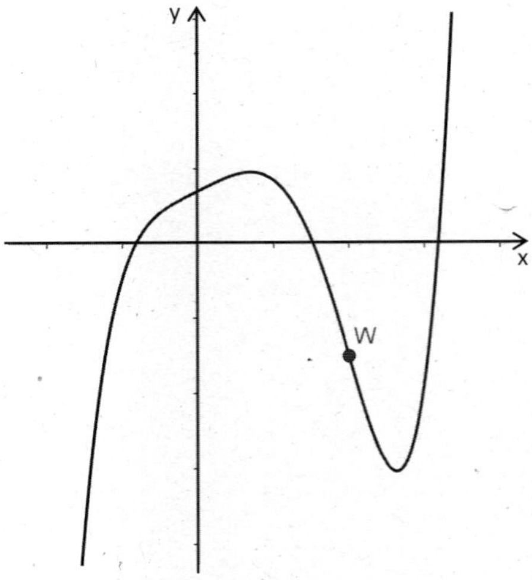

- Ableitungen: $f(x) = \frac{3}{10}x^5 - x^4 + x + \frac{7}{5}$

  $f'(x) = \frac{3}{2}x^4 - 4x^3 + 1$

  $f''(x) = 6x^3 - 12x^2 = 6x^2 \cdot (x-2)$
- Nullstellen von f'':
- Wendestellenentscheidung:

  x
- Funktionswert:
- Ergebnis:

b) Ergänze.

- Als Wendestellen einer zweimal differenzierbaren Funktion kommen nur in Frage:
- **Wendestellenkriterium:**

  Sei f in einer Umgebung von x_0 zweimal differenzierbar.

c) Bist du mit Silvesters Aussage einverstanden?

Jede Nullstelle der zweiten Ableitung ist Wendestelle der Funktion!

36. Bestimme rechnerisch die Wendepunkte der beiden abgebildeten Graphen.

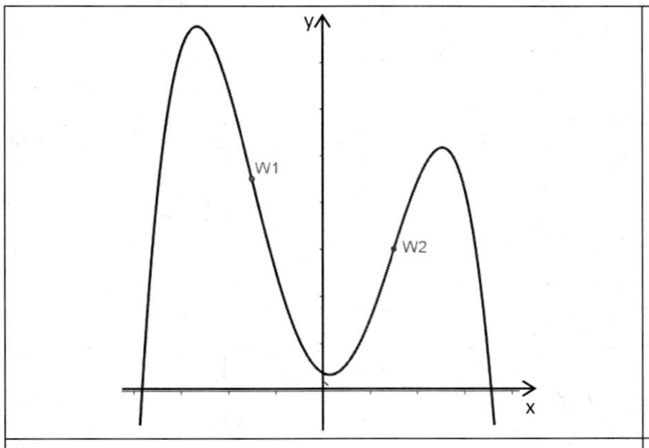

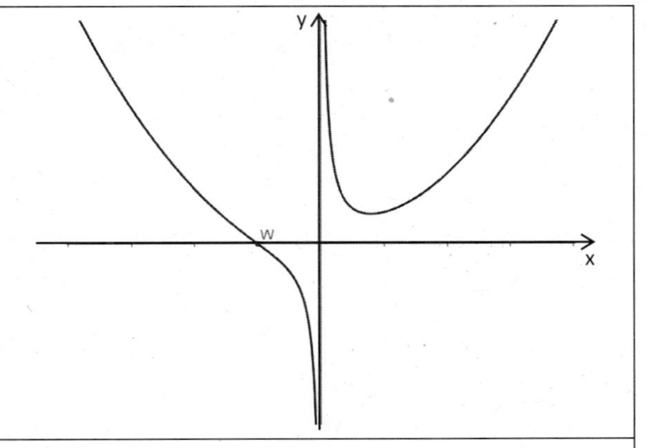

$f(x) = -\frac{1}{60}x^4 + \frac{9}{10}x^2 - \frac{1}{2}x + \frac{3}{4}$	$g(x) = \frac{x^2}{8} + \frac{1}{x}$

37. Bestimme die Wendepunkte von G_f.

a) $f(x) = 11 - 9x^2 + 2x^3$

b) $f(x) = x^4 - 8x^3 + 18x^2 - 15$

c) $f(x) = x^5 - 10x^3 + 11x$

d) $f(x) = \frac{1}{5}x^6 - x^4 + 3x^2 - x + \frac{4}{5}$

e) $f(x) = \frac{5}{9} + \frac{2}{x} - \frac{3}{x^3}$

f) $f(x) = 1 + \frac{1}{x+1} + \frac{1}{x-1}$

38. Gegeben: $f: \mathbb{R} \to \mathbb{R},\ x \mapsto 1 - \frac{4}{3}x + 2x^2 - \frac{1}{3}x^3 - \frac{1}{3}x^4 + \frac{1}{10}x^5$.

Nachstehende Abbildung zeigt die Graphen der Funktion und ihrer Ableitung.

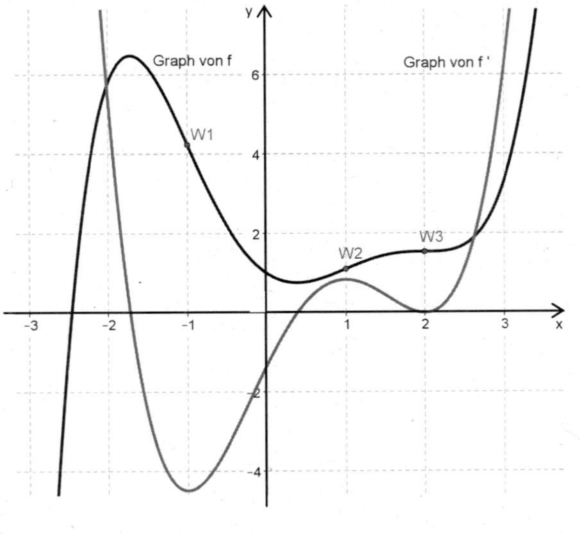

a) Bestätige, dass -1, 1 und 2 Wendestellen von f sind und 2 sogar Sattelstelle ist.

b) Welches Verhalten von f' beobachtest du an den Wendestellen von f? Formuliere deine Beobachtung als Satz und begründe ihn.

39. Exotische Wendepunkte

Zeichne den Graphen der Funktion $f:\mathbb{R}\to\mathbb{R}$ in das vorbereitete Koordinatensystem. Lies die Krümmungsintervalle und die Wendepunkte ab.

a) $f(x) = \begin{cases} x^2, & \text{wenn } x < 0 \\ \sqrt{x}, & \text{wenn } x \geq 0 \end{cases}$

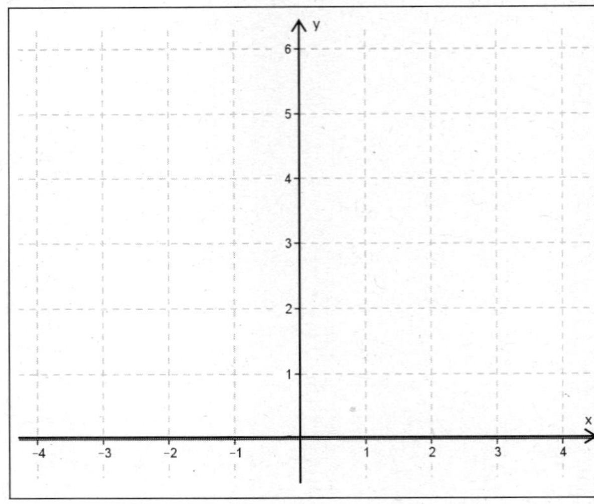

b) $f(x) = |x^2 - 4|$

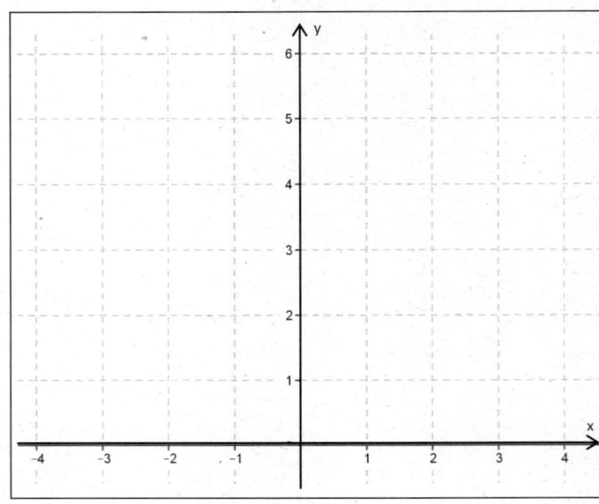

Hundert fliegen raus

Notiere hintereinander und ohne Zwischenraum die Zahlen von 1 bis 60 in aufsteigender Reihenfolge. Streiche aus dieser Ziffernfolge 100 Ziffern so heraus, dass die verbleibenden Ziffern eine möglichst große Zahl ergeben.

Vermischte Aufgaben

40. Sei $f : \mathbb{R} \to \mathbb{R}$ eine differenzierbare Funktion.
Finde die falschen Aussagen und widerlege sie mit Gegenbeispielen.

① Wenn x_0 lokale Extremstelle von f ist, so ist $f'(x_0) = 0$.

② Wenn $f'(x_0) = 0$ ist, ist x_0 lokale Extremstelle von f.

③ Wenn f streng monoton wachsend in $\mathbb{R}$ ist, so ist $f'(x) > 0$ in $\mathbb{R}$.

④ Wenn $f'(x) > 0$ in $\mathbb{R}$ ist, so ist f streng monoton wachsend in $\mathbb{R}$.

41. Gegeben: $f : x \mapsto x + \frac{4}{x-2}$.

a) Zeige: $f''(x) = \frac{8}{(x-2)^3}$.

b) Berechne die Monotonie-Intervalle von f.

c) Berechne die Krümmungsintervalle von G_f.

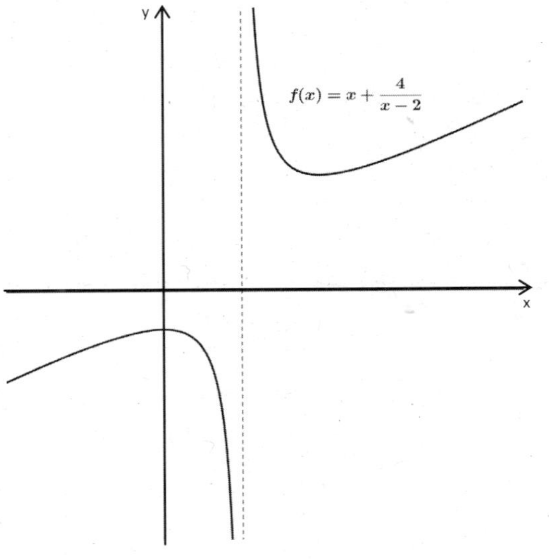

42. Bestimme die Hoch- und die Tiefpunkte von $f : x \mapsto \frac{x-1}{2} + \frac{1}{x-1}$.

43. Berechne …

a) … die Monotonie-Intervalle und die lokalen Extrempunkte,

b) … die Krümmungs-Intervalle und Wendepunkte.

$f(x) = 5x^3 - \frac{3}{4}x^5$

$g(x) = \frac{x^2}{2} - \frac{1}{x}$

44. Die Abbildung zeigt den Graphen von

$$f: x \mapsto \frac{1}{4}x^4 - x^3 + 1.$$

a) Lies die Wendepunkte von G_f ab und bestätige das Ergebnis durch Rechnung.

b) Zeichne die Wendetangenten ein und bestimme ihre Gleichungen.

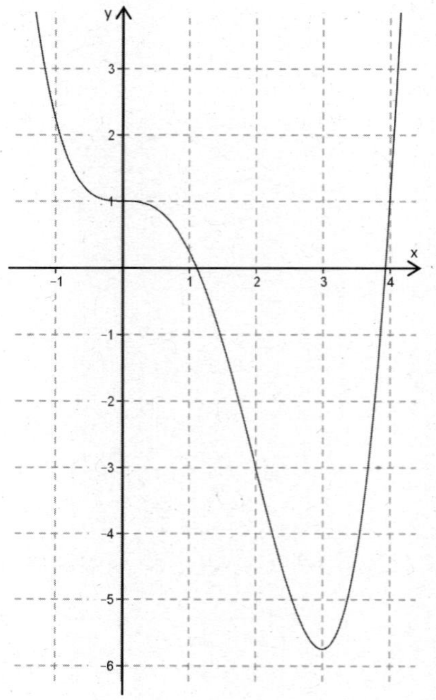

45. Von einer Funktion $f:[0;6] \to \mathbb{R}$ kennen wir den Graphen der Ableitung f'.

a) An welcher Stelle ist die Steigung von G_f am größten (kleinsten)?

b) An wie vielen Stellen hat der Graph von f die Steigung $-\frac{1}{2}$?

c) In welchen Intervallen ist f streng monoton wachsend?

d) In welchen Intervallen ist G_f rechtsgekrümmt?

e) Ermittle die besonderen Stellen: lokale Minimum- / Maximumstellen, Wendestellen, Sattelstellen. Begründe deine Ergebnisse.

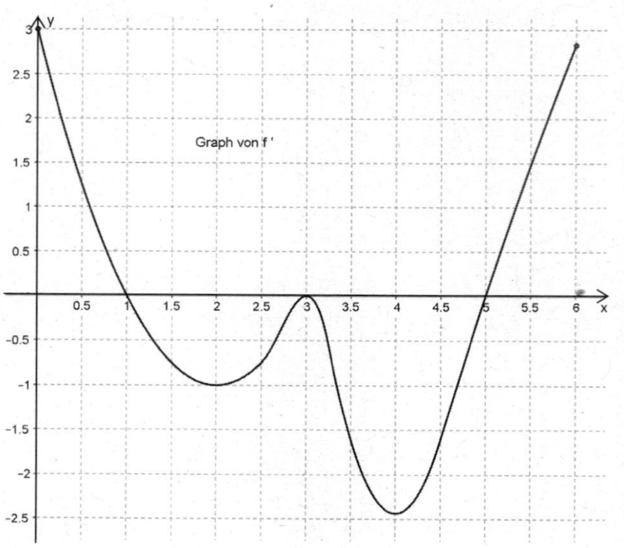

f) Begründe folgende Abschätzungen:

$$f(0) < f(1) < f(0) + 3$$
$$f(1) - 1 < f(2) < f(1)$$

46. Gegeben: $f:]0;\infty[\to \mathbb{R},\ x \mapsto \sqrt{x} + \frac{4}{x}$.

a) Zeige: $f'(x) = \dfrac{x^{\frac{3}{2}} - 8}{2x^2}$.

b) Berechne die Monotonie-Intervalle von f.

c) Folgere aus b), dass für alle $x > 4$ gilt: $\sqrt{x} + \frac{4}{x} > 3$.

47. Nullstelle

Beweise, dass die Funktion $f: D_{max} \to \mathbb{R}$ genau eine Nullstelle hat.

In a) ist ein Musterbeispiel vorgerechnet.

a) $f(x) = x^5 + x + 4$, $D_{max} = \mathbb{R}$

(1) $f'(x) = 5x^4 + 1 > 0$ in $\mathbb{R}$

D. h. f ist streng monoton wachsend in $\mathbb{R}$,

hat also höchstens eine Nullstelle.

(2) $f(-2) = -30$, $f(-1) = 2$ und f ist stetig in $\mathbb{R}$.

Nach dem Nullstellensatz (vgl. §3) hat f in $]-2;-1[$ mindestens eine Nullstelle.

Aus (1) und (2) folgt: f hat genau eine Nullstelle, und zwar in $]-2;-1[$.

b) $f(x) = x^3 + x - 11$

c) $f(x) = \frac{1}{2} - \sqrt{x} + \frac{1}{x}$

48. Minimum und Maximum

Bestimme Minimum und Maximum folgender Funktionen.

a) $f: [-3;3] \to \mathbb{R}$

$f(x) = 2x^3 + 3x^2 - 12x + 5$

b) $g: [1;4] \to \mathbb{R}$

$g(x) = 1 + \frac{x^2}{4} + \frac{4}{x^2}$

c) $h: [0;5] \to \mathbb{R}$

$h(x) = 2\sqrt{x} + \sqrt{5-x}$

d) $k: [-1;1] \to \mathbb{R}$

$k(x) = 10 - x - x^3$

49. Gegeben ist die Funktionenschar f_a auf $\mathbb{R}$ mit $f_a(x) = a\,x^2 - \frac{1}{3}x^3$, $a > 0$.

a) Zeige, dass jede Scharkurve einen Hochpunkt hat, und gib dessen Koordinaten an.

b) Die Abbildung zeigt die Scharkurven zu den Parametern

$a \in \{1; 1{,}5; 2; 2{,}25; 2{,}5; 2{,}75; 3\}$.

Was lässt sich über die Lage aller Hochpunkte vermuten?

c) Bestimme eine Gleichung der Kurve, auf der alle Hochpunkte der Schar liegen.

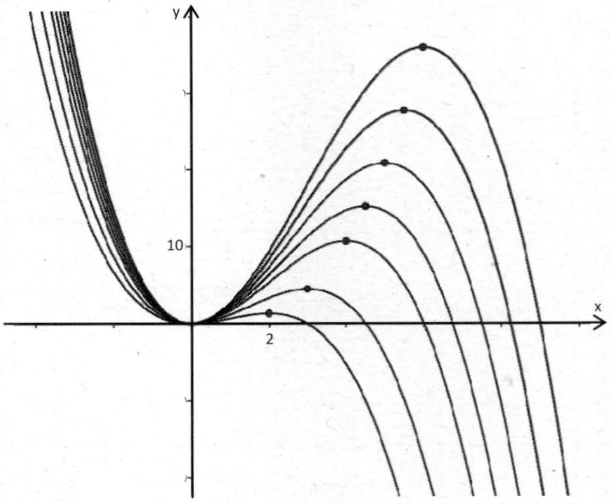

d) Führe die gleichen Untersuchungen an der Funktionenschar für $a < 0$ durch. Verwende zum Zeichnen von Scharkurven eine Kurvensoftware.

50. Gegeben ist die Funktionenschar $f_a : \mathbb{R} \to \mathbb{R}$ mit $f_a(x) = \frac{1}{6}x^4 - \frac{4}{3}x^3 + a\,x^2$, $a \in \mathbb{R}$.

a) Nebenstehende Abbildung zeigt zwei Scharkurven. Bestimme die zugehörigen Parameter a und markiere die Wendepunkte.

b) Berechne die Nullstellen der zweiten Ableitung in Abhängigkeit vom Parameter a.

c) Entscheide, ob die Nullstellen von f_a'' Wendestellen von G_{f_a} sind. Du musst nicht viel rechnen, wenn du nachstehenden Tipp beachtest.

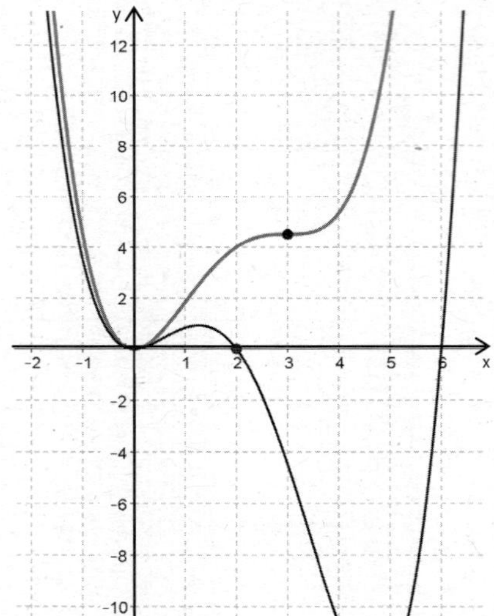

d) Vergleiche das zeichnerische und rechnerische Ergebnis für die beiden gezeichneten Graphen.

51. Zweites Extremstellenkriterium

a) Zeichne freihändig den Graphen einer Funktion f, ...

① ... der linksgekrümmt ist und an der Stelle x_0 eine waagerechte Tangente hat.	② ... der rechtsgekrümmt ist und an der Stelle x_0 eine waagerechte Tangente hat.
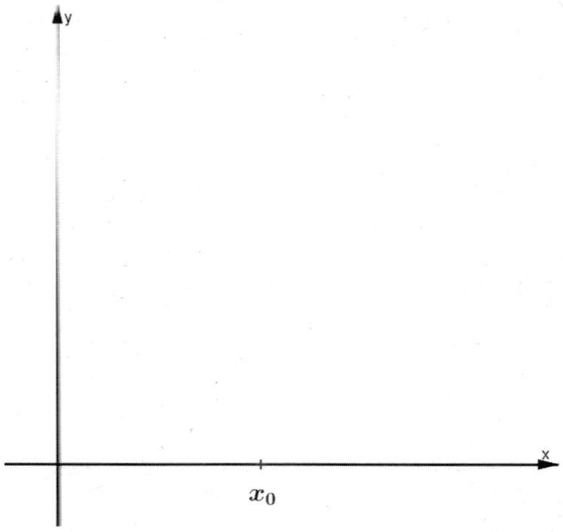	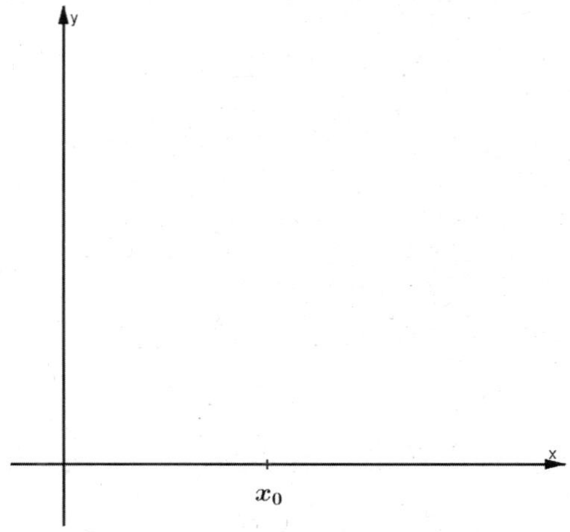

b) Welche Bedeutung hat die Stelle x_0 jeweils für die Funktion f ?

c) Wurzel formuliert ein zweites Extremstellenkriterium.

Sei f in einer Umgebung von x_0 zweimal differenzierbar.
Dann gilt:

- $f'(x_0) = 0$ und $f''(x_0) > 0$
  $\Rightarrow x_0$ ist **lokale Minimumstelle** von f.
- $f'(x_0) = 0$ und $f''(x_0) < 0$
  $\Rightarrow x_0$ ist **lokale Maximumstelle** von f.

Erkläre den Zusammenhang mit den Beobachtungen in a) und b).

52. Bestimme die Hoch- und Tiefpunkte des Graphen von $f: D_{\max} \to \mathbb{R}$ mit Hilfe des zweiten Extremstellenkriteriums.

a) $f(x) = x^3 - 6x^2 + 9x$

b) $f(x) = x^4 - 6x^2 + 5$

c) $f(x) = \frac{1}{5}x^5 - \frac{5}{3}x^3 + 4x - 1$

d) $f(x) = 1 + \frac{x}{2} + \frac{1}{x}$

AUF EINEN BLICK

Definition der strengen Monotonie:
Sei $f: D \to \mathbb{R}$ eine Funktion und $I \subset D$ ein Intervall. Die Funktion f heißt **streng monoton wachsend (fallend) in *I***, wenn für alle $x_1, x_2 \in I$ mit $x_1 < x_2$ gilt: $f(x_1) < f(x_2)$ (bzw. $f(x_1) > f(x_2)$).

Monotoniekriterium:
Die Funktion f sei im Intervall *I* stetig und im Inneren von *I* differenzierbar.
Dann gilt: Ist $f'(x) > 0$ (< 0) im Inneren von *I*, dann ist f streng monoton wachsend (fallend) in *I*.

Um zu beschreiben, dass Zahlen in der Nähe einer vorgegebenen Zahl x_0 liegen, verwenden wir den Begriff Umgebung: Ein offenes Intervall, das x_0 enthält, heißt **Umgebung von** x_0.

Definition lokaler Extremstellen:
Sei $f: D \to \mathbb{R}$ eine Funktion. Eine Stelle $x_0 \in D$ heißt **lokale Maximumstelle (Minimumstelle) von** f, wenn es eine Umgebung U von x_0 gibt, so dass für alle $x \in U \cap D$ gilt: $f(x) \le f(x_0)$ bzw. $f(x) \ge f(x_0)$. Der Funktionswert $f(x_0)$ heißt **lokales Maximum** (**Minimum**) von f.

Maximum- und Minimumstellen werden auch **Extremstellen** genannt, Maxima und Minima **Extremwerte** oder Extrema. Globale Extremstellen sind auch lokale Extremstellen.

Kandidaten für Extremstellen:
Als Extremstellen (lokale oder globale) einer differenzierbaren Funktion kommen nur die Nullstellen der Ableitung und die Randstellen der Definitionsmenge in Frage.

Extremstellenkriterium:
Sei f in einer Umgebung von x_0 differenzierbar. Dann gilt:

- Hat f' bei x_0 einen Vorzeichenwechsel von + nach −, so ist x_0 lokale Maximumstelle von f.
- Hat f' bei x_0 einen Vorzeichenwechsel von − nach +, so ist x_0 lokale Minimumstelle von f.

Definition des Krümmungssinns:
Die Funktion f sei im Intervall *I* stetig und im Inneren von *I* differenzierbar. Der Graph von f ist **linksgekrümmt (rechtsgekrümmt) in *I***, wenn f' im Inneren von *I* streng monoton wächst (fällt).

Krümmungskriterium:
Die Funktion f sei im Intervall *I* stetig und im Inneren von *I* zweimal differenzierbar.
Dann gilt: Ist $f''(x) > 0$ (< 0) im Inneren von *I*, dann ist G_f linksgekrümmt (rechtsgekrümmt) in *I*.

Definition von Wendestellen: Sei $f: D \to \mathbb{R}$ in einer Umgebung von $x_0 \in D$ differenzierbar.
Die Stelle x_0 heißt **Wendestelle von** f, wenn der Graph von f an dieser Stelle seinen Krümmungssinn ändert. Der Punkt $W\left(x_0 \middle| f(x_0)\right)$ heißt **Wendepunkt.**

Kandidaten für Wendestellen: Als Wendestellen einer zweimal differenzierbaren Funktion kommen nur die Nullstellen von f'' in Frage.

Wendestellenkriterium: Sei f in einer Umgebung von x_0 zweimal differenzierbar. Dann gilt:
Wechselt f'' bei x_0 das Vorzeichen, so ist x_0 Wendestelle von f.

Ganzrationale Funktionen

6

Eine Funktion vom Typ

$$x \mapsto a_0 + a_1 x + \ldots + a_n x^n$$

$(n \in \mathbb{N},\ a_0, a_1, \ldots, a_n \in \mathbb{R},\ a_n \neq 0)$ heißt **ganzrationale Funktion n-ten Grades**.

Ganzrationale Funktionen sind in $\mathbb{R}$ differenzierbar und somit auch stetig.

Symmetrie und Verhalten im Unendlichen

1. a) Die Abbildungen zeigen die Graphen zweier Funktionen p und q auf $\mathbb{R}$.
Welche Symmetrie weisen die Graphen (die Funktionen) auf?

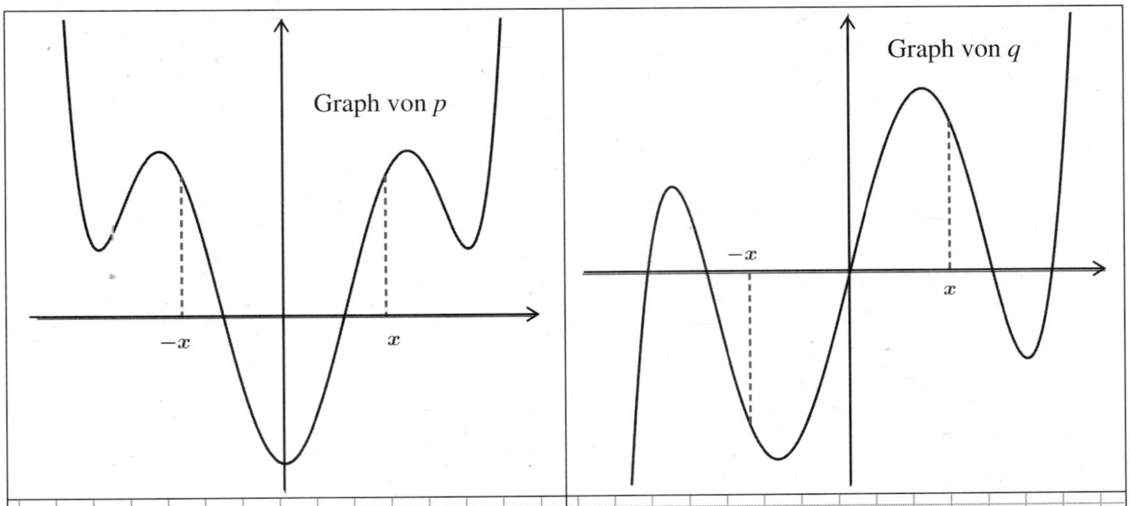

b) Ergänze (vergleiche Arbeitsbuch 9, Seite 145/146).

Die Funktion f: $\mathbb{R} \to \mathbb{R}$ ist.
symmetrisch zur y-Achse,
wenn

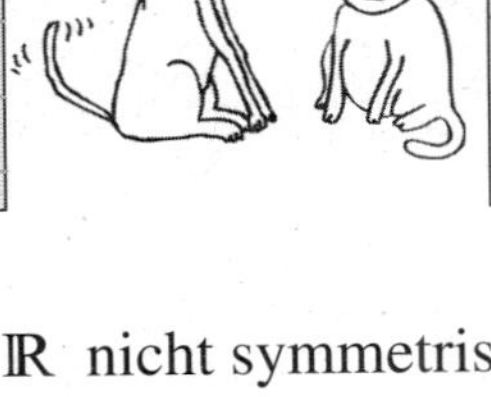

Die Funktion f: $\mathbb{R} \to \mathbb{R}$ ist.
symmetrisch zum Ursprung,
wenn

c) Wann ist eine Funktion $f: \mathbb{R} \to \mathbb{R}$ nicht symmetrisch zur y-Achse (zum Ursprung)?

2. a) Untersuche nachstehende ganzrationale Funktionen auf Symmetrie zur y-Achse und zum Ursprung; $a, b, c, d \in \mathbb{R}$.

① $f(x) = a x^5 + b x^3 + c x$ ② $g(x) = a x^6 + b x^4 + c x^2 + d$

Fällt dir eine Gesetzmäßigkeit auf? Formuliere einen Satz.

b) Wenn im Funktionsterm einer ganzrationalen Funktion x-Potenzen mit geraden und ungeraden Exponenten vorkommen, dann ist die Funktion weder symmetrisch zur y-Achse noch zum Ursprung. Bestätige diesen Sachverhalt anhand folgender Beispiele:

① $f(x) = 2x^3 - 5x^2 + 7$ ② $f(x) = x^4 + x^3 - x^2 - x$

c) Fasse die Ergebnisse in einem Genau-dann-wenn-Satz zusammen.

Eine ganzrationale Funktion ist genau dann

- **symmetrisch zur y-Achse**, wenn

- **symmetrisch zum Ursprung**, wenn

d) Symmetrisch oder nicht?

$x \mapsto 1 + \frac{1}{2}x - x^3$		$x \mapsto 3x^5 - 2x^3 + x$	
$x \mapsto 1 + \frac{1}{2}x^2 - x^4$		$x \mapsto \frac{3}{8}x^6 - x^4 + 2x$	

3. Eine zum Ursprung symmetrische ganzrationale Funktion 3. Grades hat an der Stelle 1 den Funktionswert 0 und an der Stelle 2 den Funktionswert 3. Finde eine Funktionsgleichung.

4. a) Die Abbildung zeigt die Graphen zweier Potenzfunktionen $x \mapsto x^n$ mit $n \in \mathbb{N}^*$. In einem Fall ist der Exponent gerade, im anderen ungerade.

- Welcher Graph gehört zu dem geraden Exponenten?
- Beschreibe das Verhalten der Potenzfunktionen für $x \to \infty$ und $x \to -\infty$.

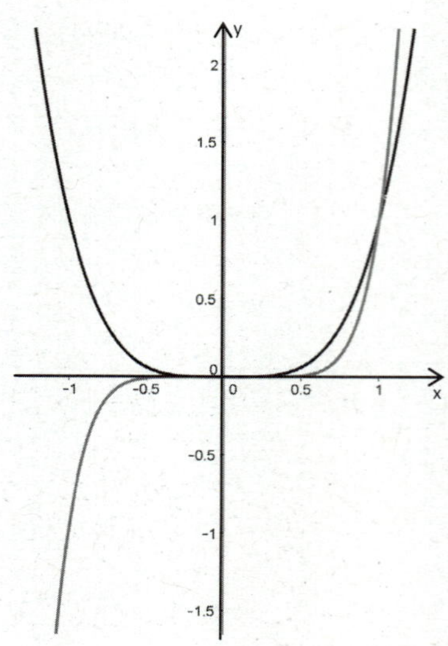

Wir sagen, die Potenzfunktionen haben für $x \to \pm\infty$ die **uneigentlichen Grenzwerte** ∞ bzw. $-\infty$.

$\lim_{x\to\infty} x^{10} =$

$\lim_{x\to-\infty} x^{11} =$

b) Betrachte nun die Funktionen f auf $\mathbb{R}$ mit $f(x) = a\,x^n$; $a \in \mathbb{R}^*, n \in \mathbb{N}^*$.

Wie entstehen die Graphen dieser Funktionen aus den Graphen der Potenzfunktionen? Schließe daraus auf das Verhalten von f für $x \to \pm\infty$:

a				
n	gerade	ungerade		
$\lim_{x\to\infty}(ax^n)$				
$\lim_{x\to-\infty}(ax^n)$				

c) *Kleiner Test*

$\lim_{x\to-\infty}\left(\frac{1}{3}x^4\right) =$	$\lim_{x\to\infty}\left(-\frac{2}{5}x^3\right) =$	$\lim_{x\to-\infty}\left(-10x^7\right) =$
$\lim_{x\to-\infty}\left(\sqrt{2}\cdot x^5\right) =$	$\lim_{x\to-\infty}\left(-\pi x^6\right) =$	$\lim_{x\to\infty}\left(3x^{-2}\right) =$

5. a) Silvester und Wurzel untersuchen das Verhalten von $f: x \mapsto x^4 - 2x^3$ für $x \to \infty$. Welche Rechnung ist richtig?

$$\lim_{x\to\infty} f(x) = \lim_{x\to\infty}\left(x^4 - 2x^3\right) = \lim_{x\to\infty} x^4 - \lim_{x\to\infty} 2x^3 = \infty - \infty = 0$$

$$f(x) = x^4 - 2x^3 = x^4\cdot\left(1-\tfrac{2}{x}\right)$$

$$\lim_{x\to\infty} f(x) = \lim_{x\to\infty} x^4 \cdot \lim_{x\to\infty}\left(1-\tfrac{2}{x}\right) = \lim_{x\to\infty} x^4 \cdot 1 = \infty$$

b) Mach es wie Wurzel!

Gegeben: $f(x) = ax^3 + bx^2 + cx + d$; $a \neq 0$.

Gesucht: $\lim_{x\to\infty} f(x)$ und $\lim_{x\to-\infty} f(x)$

$f(x) = ax^3 + bx^2 + cx + d =$

c) Formuliere eine Regel zum Verhalten ganzrationaler Funktionen im Unendlichen.

Eine ganzrationale Funktion verhält sich für $x \to \pm\infty$

6. Bestimme die Grenzwerte.

$\lim\limits_{x\to\infty}\left(\frac{1}{3}x^3-8x^2+1\right)=$	$\lim\limits_{x\to-\infty}\left(\frac{1}{3}x^3-8x^2+1\right)=$
$\lim\limits_{x\to\infty}\left(x^4-7x^3-5x-3\right)=$	$\lim\limits_{x\to-\infty}\left(x^4-7x^3-5x-3\right)=$
$\lim\limits_{x\to\infty}\left(9x+4x^3-2x^5\right)=$	$\lim\limits_{x\to-\infty}\left(9x+4x^3-2x^5\right)=$
$\lim\limits_{x\to\infty}\left(-\frac{3}{5}x^4+x^3-6x^2\right)=$	$\lim\limits_{x\to-\infty}\left(-\frac{3}{5}x^4+x^3-6x^2\right)=$

7. Gegeben ist die Funktion f auf $\mathbb{R}$ mit $f(x)=\left(2-ax^3\right)\cdot\left(a+x^4\right)$, $a\in\mathbb{R}$.

Untersuche das Verhalten von f für $x\to\pm\infty$ in Abhängigkeit vom Parameter a.

Nullstellen

8. a) Die Abbildung zeigt den Graphen der Funktion

$$f: x\mapsto \frac{1}{3}\cdot(4x+3)\cdot(3x-1)\cdot(x-1).$$

Berechne die Nullstellen von f.

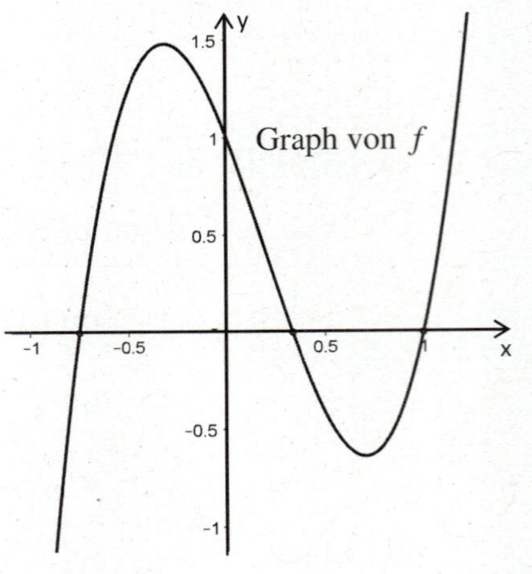

b) Berechne die Nullstellen folgender Funktionen durch **Faktorisieren** und Anwenden des **Null-Produkt-Satzes.**

① $f(x)=x^3+x^2$

② $f(t)=49t^3-25t$

③ $g(u)=8u^4+u$

④ $h(z)=z^2+3z-10$

⑤ $p(r)=8r^3+2r^2-r$

⑥ $b(x)=x^4-13x^2+36$

9. Abspalten eines Linearfaktors

a) Gegeben ist die Funktion $f: x\mapsto 2x^3-5x^2+4$.

2 ist Nullstelle der Funktion.

Daher lässt sich im Funktionsterm der Faktor $(x-2)$ abspalten:

$$f(x)=(x-2)\cdot(2x^2-x-2)$$

- Bestätige Silvesters und Wurzels Aussagen.

- Wie kann der zweite Faktor in Wurzels Term berechnet werden?
  Führe die Rechnung durch.

b) Gegeben: $f: x \mapsto x^4 - x^3 - x - 3$

- Zeige, dass -1 Nullstelle von f ist.
- Spalte im Funktionsterm den Linearfaktor $(x+1)$ ab.

Ergebnis:

c)

- Sei f eine ganzrationale Funktion n-ten Grades und x_0 eine Nullstelle von f. Dann hat f die Darstellung $f(x) = (x - x_0) \cdot g(x)$, wobei g eine ganzrationale Funktion vom Grad $n-1$ ist.
- Der Faktor $g(x)$ lässt sich mittels Polynomdivision bestimmen.

Beweise den Satz für die ganzrationalen Funktionen 3. Grades. Der Einstieg in den Beweis ist schon gemacht.

Gegeben: $f(x) = ax^3 + bx^2 + cx + d$, $f(x_0) = ax_0^3 + bx_0^2 + cx_0 + d = 0$

Wir dividieren $f(x)$ durch den Linearfaktor $(x - x_0)$:

$$
\begin{array}{l}
(ax^3 + bx^2 + cx + d):(x - x_0) = ax^2 \\
\underline{-(ax^3 - ax_0x^2)} \\
(ax_0 + b)\cdot x^2 + cx + d
\end{array}
$$

10. Berechne die Nullstellen der Funktion $f:\ \mathbb{R} \rightarrow \mathbb{R}$.
Im Aufgabenteil a) wird die Vorgehensweise vorgestellt.

a) $f(x) = x^3 - 3x^2 + x + 1$

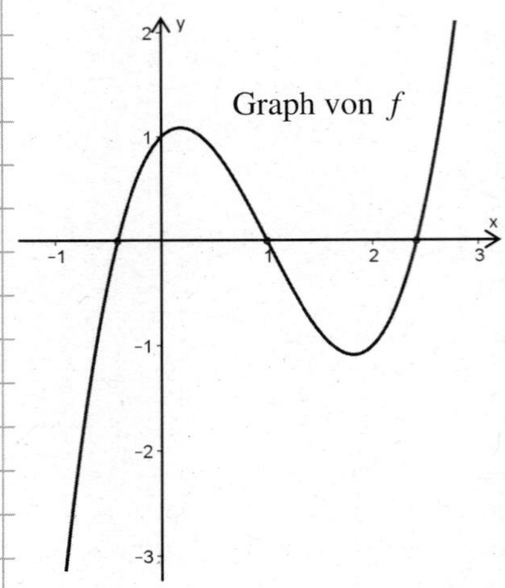

- Eine Nullstelle raten (oder am Graphen ablesen):
- Den entsprechenden Linearfaktor abspalten:

- Die übrigen Nullstellen berechnen:

  $x^2 - 2x - 1 = 0$

- Ergebnis:

b) $f(x) = x^3 - 2x^2 - 3x + 6$

c) $f(x) = 6x^3 + x^2 - 4x + 1$

d) $f(x) = 12 - 10x + 5x^2 - x^3$

e) $f(x) = 2x^3 + 2x^2 - 5x - 2$

11. Suchhilfe

a) Führe den folgenden Gedankengang zu Ende. Welche Eigenschaft müssen die ganzzahligen Lösungen haben?

Gegeben: $3x^4 - 7x^2 - 8x - 4 = 0$

Angenommen, x_0 ist eine ganzzahlige Lösung der Gleichung.

Dann gilt: $3x_0^4 - 7x_0^2 - 8x_0 - 4 = 0$

$x_0 \cdot (3x_0^3 - 7x_0 - 8) = 4$

b) Welche ganzen Zahlen kommen als Lösungen der Gleichung in a) in Frage? Welche davon sind tatsächlich Lösungen?

c) Ergänze.

Sei $a_n x^n + \ldots + a_1 x + a_0 = 0$ eine ganzrationale Gleichung mit **ganzzahligen** Koeffizienten $a_n, \ldots, a_0$ und $a_0 \neq 0$.

Als ganzzahlige Lösungen

d) Berechne die Nullstellen der Funktionen p, q und r.

Tipp zu $r(x)$:
Mache die Koeffizienten ganzzahlig.

$p(x) = x^3 + 2x^2 - 5x - 6$
$q(x) = 8 + 18x - x^3$
$r(x) = x^3 + \frac{4}{3}x^2 - \frac{17}{3}x - 2$

12. Gleichungen vom Grad 4

a) Der Kasten rechts enthält die Lösung der Gleichung

$$x^4 - 3x^3 + 6x - 4 = 0$$

in Stichworten.
Führe die Rechnung im Einzelnen durch.

Zwei Lösungen: 1 und 2
$x^2 - 3x + 2$ abspalten
$x^2 - 2 = 0$ lösen
$L = \{-\sqrt{2}; 1; \sqrt{2}; 2\}$

b) Löse ebenso.

① $x^4 - 4x^3 + 4x - 1 = 0$ ② $4x^4 + 10x - 2 = 12x^3 + 3x^2 + 1$

c) Hier kannst du nur eine Lösung raten, und das genügt auch:

$x^4 - 3x^3 - 4x + 12 = 0$

d) Zum Schluss noch ein paar einfache Fälle:

① $x^4 - 16 = 0$ ② $x^4 - 2x^2 - 3 = 0$ ③ $\frac{x^4}{3} + \frac{x^3}{5} = 0$

13. Anzahl der Nullstellen

Wie viele Nullstellen hat eine ganzrationale Funktion?

a) Stelle deine Erfahrungen mit der Nullstellenanzahl ganzrationaler Funktionen vom Grad ≤ 3 zusammen.

b) Beweise folgende Implikation:

> Wenn jede ganzrationale Funktion vom Grad n höchstens z Nullstellen hat, dann hat jede ganzrationale Funktion vom Grad $n+1$ höchstens $z+1$ Nullstellen.

c) Ergänze.

Eine ganzrationale Funktion vom Grad 1 hat Nullstelle.	b) $\Rightarrow$	Eine ganzrationale Funktion vom Grad 2 hat	b) $\Rightarrow$	Eine ganzrationale Funktion vom Grad	b) $\Rightarrow$ …

d) Fasse deine Ergebnisse in einem Satz zusammen.

14. Gegeben ist die Funktion $f: \mathbb{R} \to \mathbb{R}$ mit $f(x) = x^3 - 3x^2 + 3$.

a) Wie viele Nullstellen hat f höchstens?

Zeige: Unter den Nullstellen von f gibt es keine ganzzahligen.

b) Berechne die Monotonieintervalle von f.

c) Bestimme mit Hilfe des Monotonieverhaltens und des Nullstellensatzes die Anzahl und die ungefähre Lage der Nullstellen.

d) Bestimme die zwischen 1 und 2 liegende Nullstelle mit Hilfe eines Näherungsverfahrens (Intervallschachtelung oder Newton-Verfahren) auf zwei Dezimalen.

15. Die Abbildung zeigt den Graphen der Funktion f auf $\mathbb{R}$ mit $f(x) = (x^2 - 1) \cdot (x^2 - 3)$.

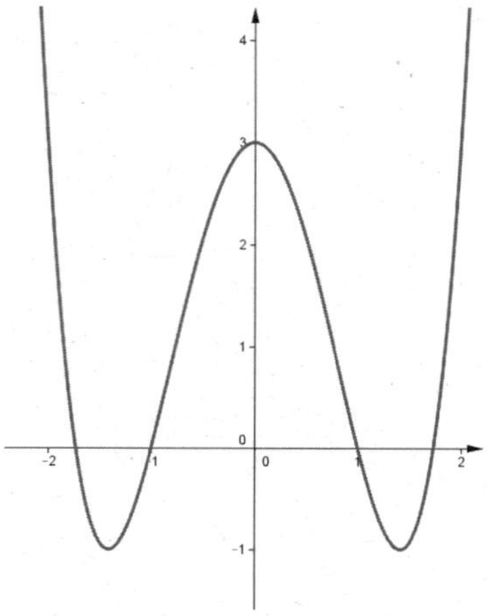

a) Berechne die Nullstellen und Extrempunkte von f.

b) Betrachte die Funktionenschar p_k mit

$$p_k(x) = f(x-k),\ k \in \mathbb{R}.$$

Wie entstehen die Scharkurven aus dem Graphen von f? Welche Nullstellen hat p_k?

c) Betrachte die Funktionenschar q_k mit

$$q_k(x) = f(x) + k,\ k \in \mathbb{R}.$$

Wie entstehen die Scharkurven aus dem Graphen von f? Bestimme die Anzahl der Nullstellen von q_k in Abhängigkeit von k.

Wenn du Probleme hast:

Verwende eine Kurvensoftware und verändere den Parameter k mit Hilfe eines Schiebereglers.

d) Betrachte die Funktionenschar r_k mit $r_k(x) = (x^2 - 1) \cdot (x^2 - k),\ k \in \mathbb{R}$.

Bestimme die Anzahl der Nullstellen von r_k in Abhängigkeit von k.

Geometrische Reihe

① Silvester berechnet die Summe der ersten n Glieder der geometrischen Folge $\left(1; 3; 3^2; 3^3; \ldots\right)$.

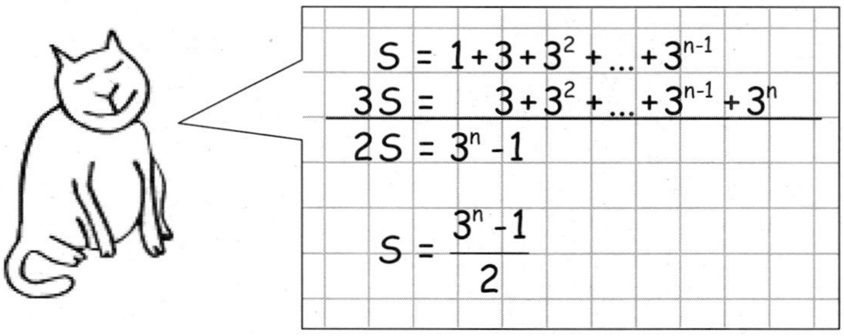

Erkläre Silvesters Vorgehensweise.

② Berechne auf die gleiche Weise die Summe $1 + x + x^2 + \ldots + x^{n-1};\ x \neq 1$.

③ Berechne folgende Summen:

a) $1 + \frac{1}{2} + \frac{1}{4} + \frac{1}{8} + \cdots + \left(\frac{1}{2}\right)^{15}$

b) $1 - 3 + 3^2 - 3^3 + \ldots + 3^{10}$

c) $7 + 7 \cdot 1{,}1 + 7 \cdot 1{,}1^2 + 7 \cdot 1{,}1^3 + \ldots + 7 \cdot 1{,}1^{44}$.

Mehrfache Nullstellen

16. Faktorisiere die Funktionsterme so weit wie möglich.

a) $f(x) = x^3 - x^2 - x + 1$

b) $g(x) = x^4 - 2x^3 + 2x - 1$

c) $h(x) = x^4 - 2x^3 + 2x^2 - 2x + 1$

d) $k(x) = x^5 - x^4 - 2x^3 + 2x^2 + x - 1$

Sei f eine ganzrationale Funktion.
Die Zahl x_0 heißt ***k*-fache Nullstelle von *f***, wenn f die Darstellung

$$f(x) = (x - x_0)^k \cdot g(x)$$

hat, wobei g eine ganzrationale Funktion mit $g(x_0) \neq 0$ ist.

$f(x) = (x-1)^2 \cdot (x+1)$
1 ist doppelte und -1 ist einfache Nullstelle von f.

17. Faktorisiere die Funktionsterme so weit wie möglich. Lies die Nullstellen samt ihrer Vielfachheit ab.

a) $f(x) = \frac{1}{3}x^3 - x$

b) $f(x) = x^3 - 3x + 2$

c) $f(x) = x^5 - 4x^4 + 4x^3$

d) $f(x) = x^4 - 18x^2 + 81$

e) $f(x) = 1 - 3x + 4x^3$

f) $f(x) = x^4 - 6x^2 - 8x - 3$

18. Wie verhalten sich ganzrationale Funktionsgraphen an einfachen, doppelten und dreifachen Nullstellen?

a) Die Abbildungen zeigen die Graphen von $x \mapsto a \cdot (x - x_0)$, $x \mapsto a \cdot (x - x_0)^2$ und $x \mapsto a \cdot (x - x_0)^3$ für positives a.

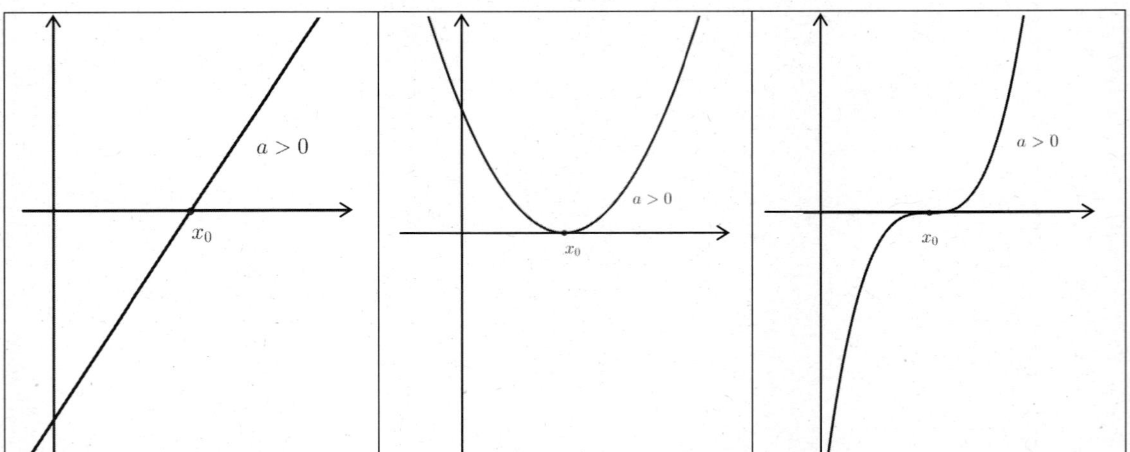

$x \mapsto a \cdot (x - x_0)$	$x \mapsto a \cdot (x - x_0)^2$	$x \mapsto a \cdot (x - x_0)^3$

- Beschreibe das Verhalten der Graphen an der Nullstelle.
- Füge die Graphen für negative s a hinzu.

b) Lies den folgenden Text aufmerksam.

> Sei f eine ganzrationale Funktion n-ten Grades und x_0 eine k-fache Nullstelle von f. Dann lässt sich f darstellen in der Form
>
> $$f(x) = (x - x_0)^k \cdot g(x) \text{ mit } g(x_0) \neq 0.$$
>
> Da g an der Stelle x_0 stetig ist, gilt in der Nähe von x_0
>
> $$g(x) \approx g(x_0)$$
>
> und damit
>
> $$\boldsymbol{f(x) \approx g(x_0) \cdot (x - x_0)^k}.$$

c) Vergleiche G_f in der Nähe von x_0 mit den Graphen aus a). Ergänze.

Verhalten ganzrationaler Funktionsgraphen an Nullstellen

- An einer **einfachen** Nullstelle

- An einer **doppelten** Nullstelle

- An einer **dreifachen** Nullstelle

d) Erläutere den in c) dargestellten Sachverhalt nochmals an nachstehenden Bildern.

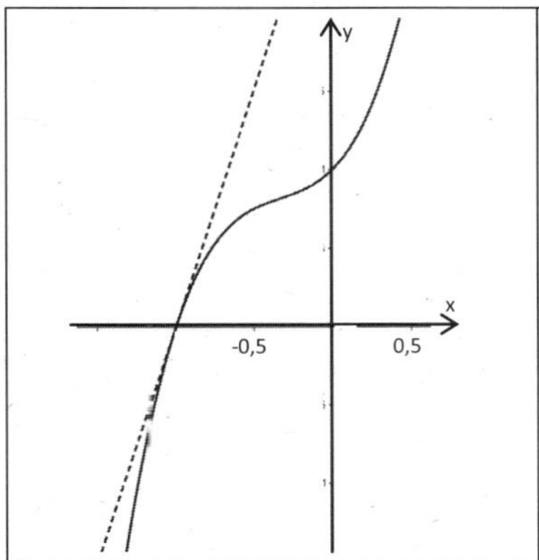	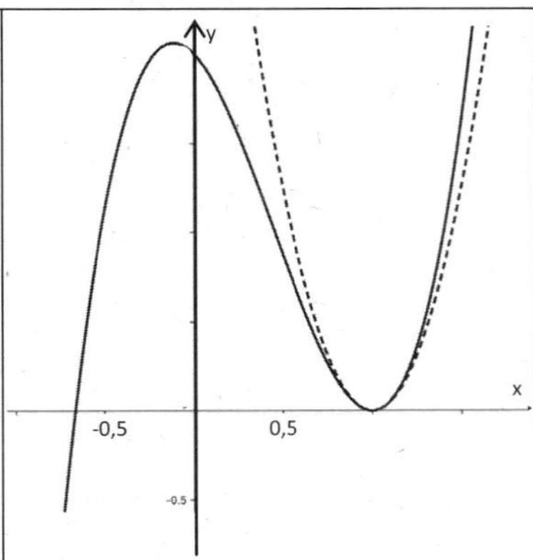	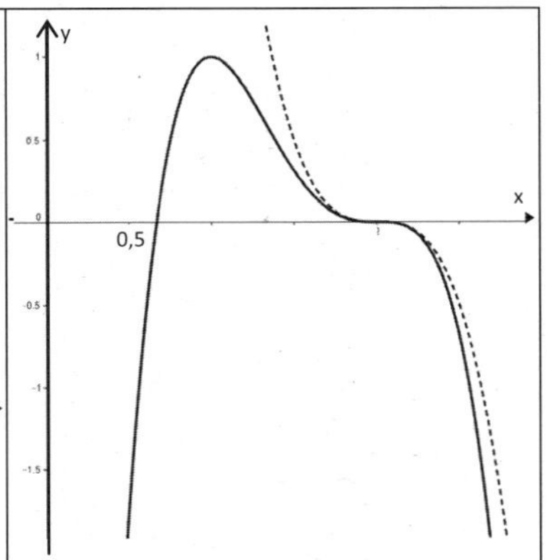
$f(x) = (x+1) \cdot (2x^2 + 1)$	$f(x) = (x-1)^2 \cdot (2x+3)$	$f(x) = (x-2)^3 \cdot (-3x+2)$
In der Nähe von -1 gilt: $f(x) \approx$		

e) *Zum Weiterdenken*

> Wie verhalten sich die Funktionsgraphen an Nullstellen, deren Vielfachheit größer als 3 ist?

19. a) Skizziere den Graphen von $f: x \mapsto (x+1)\cdot(x-1)^3$.

Bestimme dazu die Nullstellen und ihre Art (einfache Schnittstelle, Extremstelle, Sattelstelle), den y-Achsenabschnitt und das Verhalten im Unendlichen.

x	f(x)	Art der NS
$\rightarrow -\infty$		
$\rightarrow \infty$		

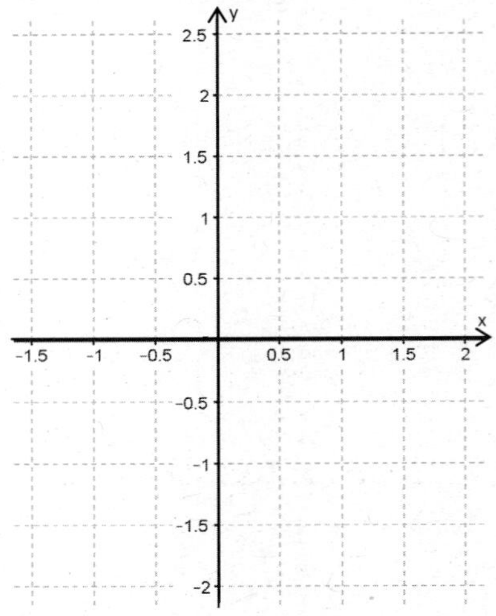

b) Hier siehst du die Graphen, die drei Schüler auf der Grundlage der Ergebnisse von a) gezeichnet haben. Nimm Stellung dazu.

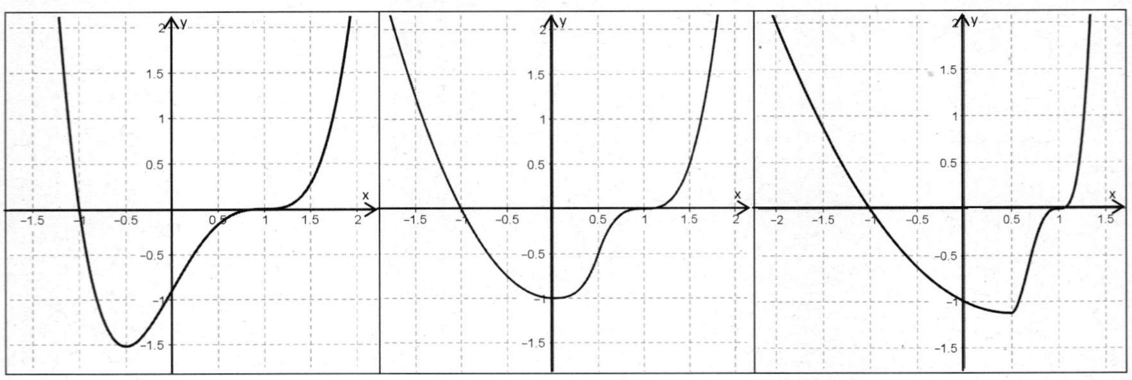

20. Skizziere den Graphen der Funktion $f: \mathbb{R} \rightarrow \mathbb{R}$.

a) $f(x) = x^2 \cdot (x+2)$

b) $f(x) = x^3 \cdot (x+2)$

c) $f(x) = (x+1)^2 \cdot (1-x)$

d) $f(x) = (x+2)\cdot(x+1)\cdot(x-1)^2$

e) $f(x) = (x+1)^3 \cdot (x-1)^2$

f) $f(x) = (x+1)^2 \cdot (x-1)^3 \cdot (x-2)$

21. Die Graphen gehören zu Funktionen des Typs

$$f(x) = \pm(x - x_1)\cdot(x - x_2)\cdot(x - x_3)\cdot\ldots,$$

wobei Faktoren mehrfach auftreten können. Bestimme jeweils eine Funktionsgleichung.

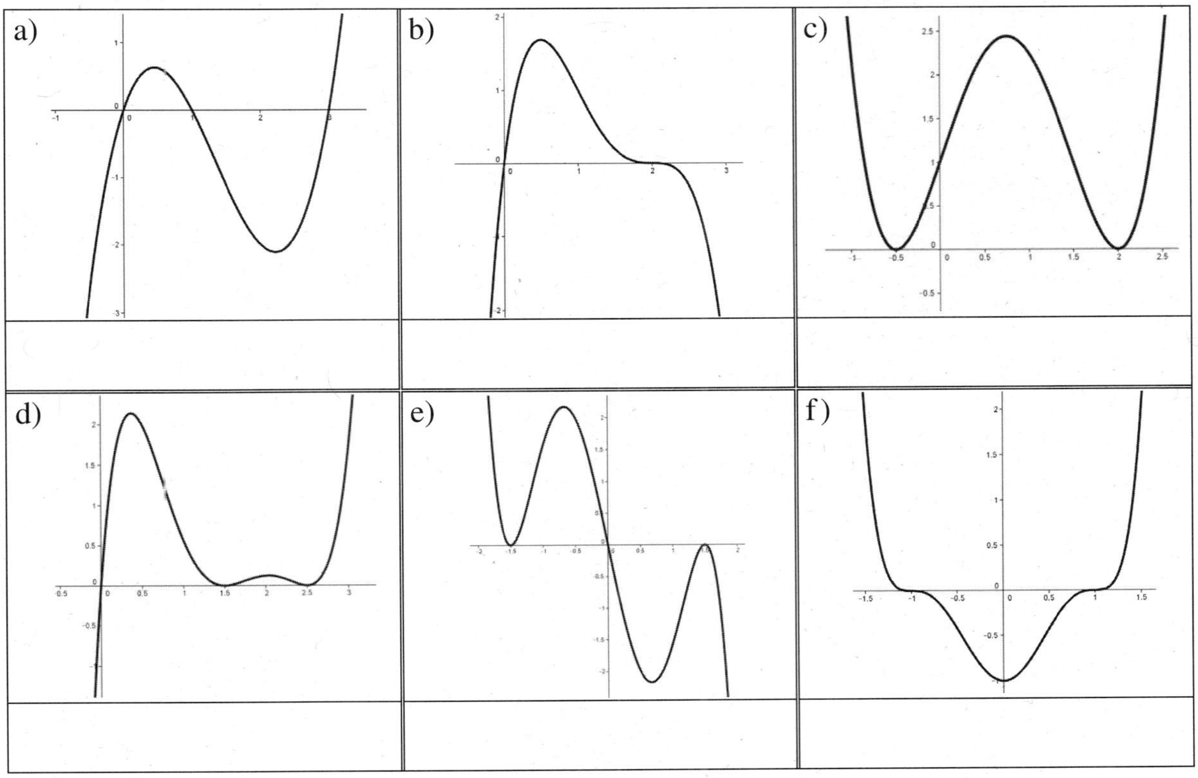

22. Sei $a < b$. Welcher Graph gehört zur Funktion $f:\, x \mapsto (a - x)\cdot(b - x)^2$?

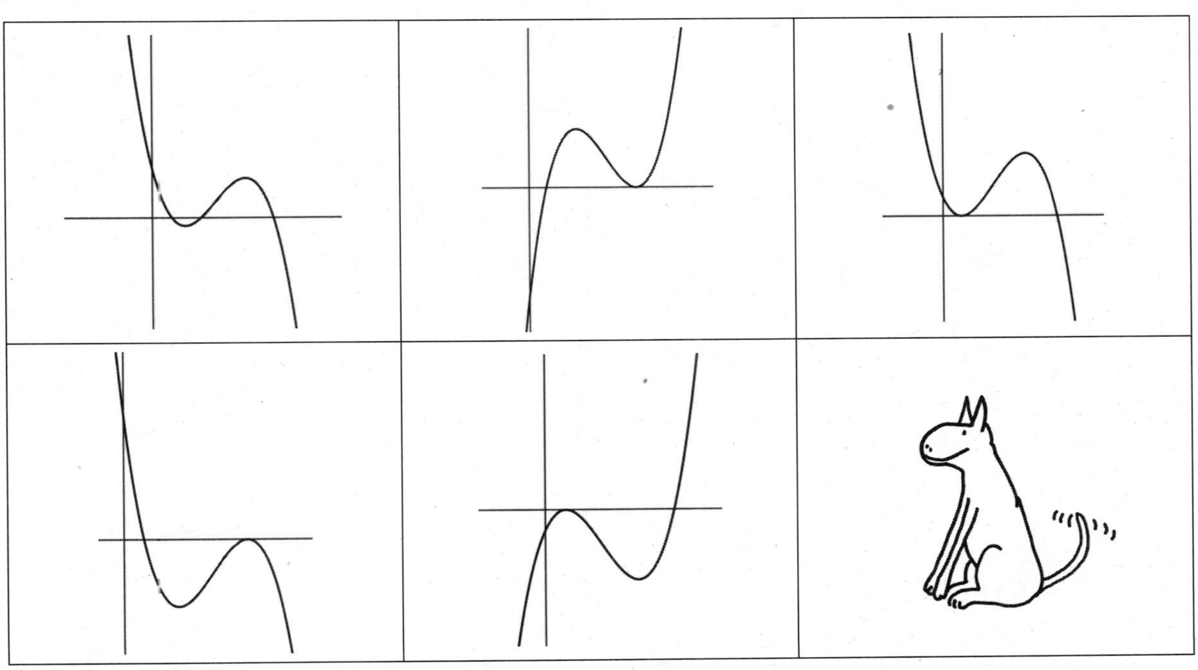

Kurvendiskussion

Von **Kurvendiskussion** spricht man, wenn man eine Funktion, die durch eine Gleichung beschrieben ist, auf ihre wesentlichen Eigenschaften untersucht und ihren Graphen zeichnet.

Wesentliche Eigenschaften:

- Definitionsmenge
- Symmetrie
- Verhalten im Unendlichen
- Nullstellen
- Monotonie und Extrempunkte
- Krümmung und Wendepunkte

23. Die Autoren des Buches haben die Funktion f mit

$$f(x)=\frac{3}{8}x^4+\frac{1}{2}x^3-\frac{3}{2}x^2+4$$

diskutiert und die Ergebnisse in einer Tabelle zusammengestellt.

x	$-\infty$		-2	$-\frac{1}{3}(\sqrt{7}+1)$	0	$\frac{1}{3}(\sqrt{7}-1)$	1		∞
$f'(x)$		$-$	0	$+$	0	$-$	0	$+$	
$f''(x)$		$-$		0	$+$	0		$-$	
$f(x)$	∞		0	$1{,}71$	4	$3{,}67$	$3\frac{3}{8}$		∞

a) Zeichne den Graphen von f in das vorbereitete Koordinatensystem.

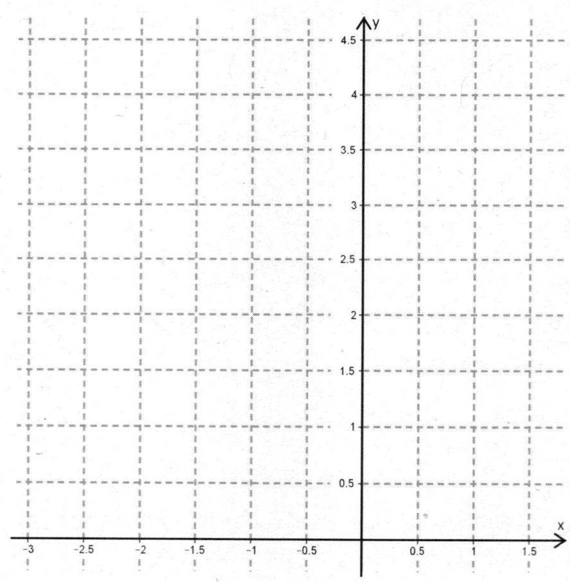

b) Führe die Kurvendiskussion selbst durch.

24. Ganzrationale Funktion dritten Grades

Diskutiere die Funktionen.

a) $f(x)=\frac{1}{8}x^3-\frac{3}{2}x$

b) $f(x)=-x^3+6x^2-9x$

c) $f(x)=\frac{1}{2}x^2-\frac{1}{12}x^3$

d) $f(x)=\frac{1}{4}\cdot(x+2)\cdot(x^2-5x+10)$

25. Ganzrationale Funktion vierten Grades

Diskutiere die Funktionen.

a) $f(x)=\frac{1}{3}x^4-2x^2$

b) $f(x)=\frac{1}{2}x^3-\frac{1}{8}x^4$

c) $f(x)=-\frac{x^4}{10}+\frac{14}{15}x^3-2x^2$

d) $f(x)=\left(x^2-x-2\right)\cdot\left(\frac{1}{3}x^2+1\right)$

26. … und fünften Grades

Diskutiere die Funktionen.

a) $f(x)=\frac{1}{3}x^3-\frac{1}{60}x^5$

b) $f(x)=\frac{1}{5}x^5-2x^3+5x$

c) $f(x)=\frac{1}{8}x^5-\frac{7}{8}x^4+\frac{3}{2}x^3$

d) $f(x)=x^2-\frac{1}{20}x^5$

27. Funktionenschar dritten Grades

a) Diskutiere die Funktionenschar $f_a:\, x\mapsto x^3-\frac{3}{2}a\,x^2$ mit $a>0$.

b) Zeichne die Graphen für $a\in\left\{\frac{2}{3};1;\frac{4}{3};2\right\}$ in dasselbe Koordinatensystem.

Ergänze die Zeichnung durch den Graphen zum Parameter $a=0$.

Alternativ: Verwende eine Kurvensoftware. Verändere den Wert des Parameters a mit Hilfe eines Schiebereglers.

c) Was ist anders, wenn der Parameter negativ ist?

28. Funktionenschar vierten Grades

Gegeben ist die Funktionenschar $f_a:\, x\mapsto\frac{1}{12}\cdot(x-a)^3\cdot(3x+a)$ mit $a\in\mathbb{R}^*$.

a) Zeige: $f_c'(x)=x^3-2a\,x^2+a^2x=x\cdot(x-a)^2$

b) Diskutiere die Funktionenschar für $a>0$.

c) Zeichne den Graphen von f_3.

d) Was ändert sich, wenn der Parameter a negativ ist?

e) Zeichne den Graphen von f_{-3} in das Koordinatensystem von c).

Welcher Zusammenhang besteht zwischen G_{f_3} und $G_{f_{-3}}$?

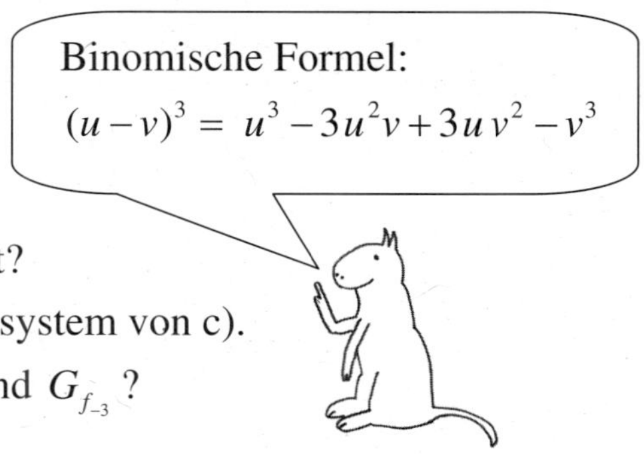

29. Die Abbildung zeigt den Graphen der Funktion

$$f:\, x\mapsto x^3-3x^2-6x-3.$$

a) Lies aus der Zeichnung näherungsweise die Nullstelle sowie die Koordinaten der Extrempunkte und des Wendepunktes ab.

b) Berechne die Koordinaten des Wendepunktes.

c) Berechne die Extremstellen exakt und die Extremwerte näherungsweise.

d) Die Nullstelle kannst du nicht exakt berechnen. Bestimme sie mit Hilfe eines Näherungsverfahrens (Intervallschachtelung oder Newton-Verfahren) auf zwei Dezimalen.

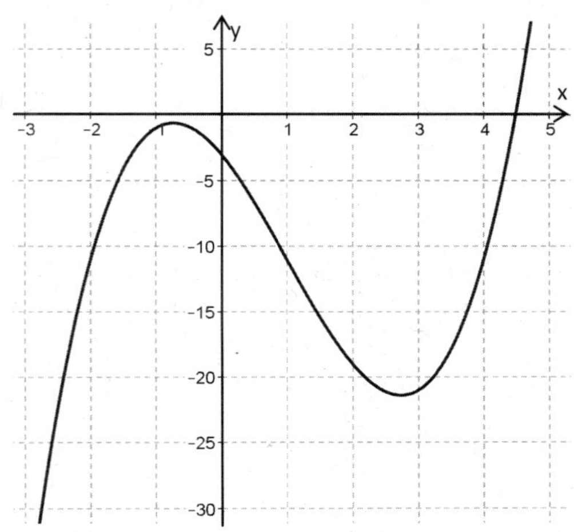

Aufstellen von Funktionsgleichungen

30. Gesucht ist eine ganzrationale Funktion von möglichst kleinem Grad, deren Graph symmetrisch zur y-Achse ist, die x-Achse an den Stellen 1 und $\sqrt{3}$ schneidet und durch den Punkt $P(2|-1)$ geht.

Hier ist die Lösung in Stichworten aufgeschrieben.

> Ansatz: $f(x) = a \cdot (x-1) \cdot (x+1) \cdot \left(x-\sqrt{3}\right) \cdot \left(x+\sqrt{3}\right)$
>
> a mit Hilfe von $f(2) = -1$ bestimmen: $a = -\frac{1}{3}$
>
> Ergebnis: $f(x) = -\frac{1}{3}x^4 + \frac{4}{3}x^2 - 1$

a) Erkläre den Ansatz und führe die Rechnung im Einzelnen durch.
b) Skizziere den Graphen der Funktion.

31. Gesucht ist eine ganzrationale Funktion von möglichst kleinem Grad mit den Nullstellen -2, $1-\sqrt{2}$, $1+\sqrt{2}$ und dem y-Achsenabschnitt 1.
Skizziere den Graphen der Funktion und stelle eine Funktionsgleichung auf.

32. Gesucht ist eine ganzrationale Funktion von möglichst kleinem Grad, deren Graph den y-Achsenabschnitt -1 und den Extrempunkt $E(1|3)$ hat und an der Stelle 2 den Krümmungssinn ändert.
Die Box enthält die Lösung in Stichworten.

> Ansatz: $f(x) = ax^3 + bx^2 + cx - 1$
>
> Eigenschaften: $f(1) = 3$
> $f'(1) = 0$
> $f''(2) = 0$
>
> Daraus folgt das Gleichungssystem:
> $$\begin{aligned} a + b + c &= 4 \\ 3a + 2b + c &= 0 \\ 6a + b &= 0 \end{aligned}$$
>
> Ergebnis: $f(x) = x^3 - 6x^2 + 9x - 1$

a) Erkläre den Ansatz und führe die Rechnung im Einzelnen durch.
b) Bestimme den zweiten Extrempunkt und den Wendepunkt und skizziere den Graphen.

Verwende zum Lösen des Gleichungssystems den **Gaußschen Algorithmus** (Klassenstufe 8, §4).

33. a) Der Graph von $f: x \mapsto a x^3 + b x^2 + c$ soll im Wendepunkt $(-1|1)$ die Steigung -3 haben. Bestimme die Koeffizienten a, b und c.

b) Berechne die Extrempunkte des Graphen von f und skizziere den Graphen.

34. Gesucht ist eine ganzrationale Funktion von möglichst kleinem Grad, die symmetrisch zum Ursprung ist und den Extrempunkt $E(3|-18)$ hat.

Stelle eine Funktionsgleichung auf.

35. Der Graph einer ganzrationalen Funktion dritten Grades geht durch den Punkt $P(1|-4)$, hat an der Stelle 4 eine horizontale Tangente und den Wendepunkt $W(3|-6)$.

Bestimme die Funktion.

36. Gesucht sind die Funktionen des Typs

$$f(x) = x^3 + a x^2 + b x + c,$$

die einen Sattelpunkt haben und im Punkt $P(0|-2)$ die Steigung 3.

a) Stelle Gleichungen für die Funktionen auf. (zwei Lösungen)

b) Zeige, dass die Funktionen in $\mathbb{R}$ streng monoton wachsen, und gib den jeweiligen Sattelpunkt an.

c) Zeichne beide Graphen in ein gemeinsames Koordinatensystem.

Rote Socken, blaue Socken

Silvester hat 22 Socken in seiner Sockenschublade, nur rote und blaue.

Wenn er drei Socken zufällig herausnimmt, ist die Wahrscheinlichkeit, dass alle drei Socken blau sind, gleich $\frac{1}{7}$. Wie viele blaue Socken sind in der Schublade?

37. Nachstehende Abbildungen zeigen Graphen ganzrationaler Funktionen. Stelle mögliche Funktionsgleichungen auf.

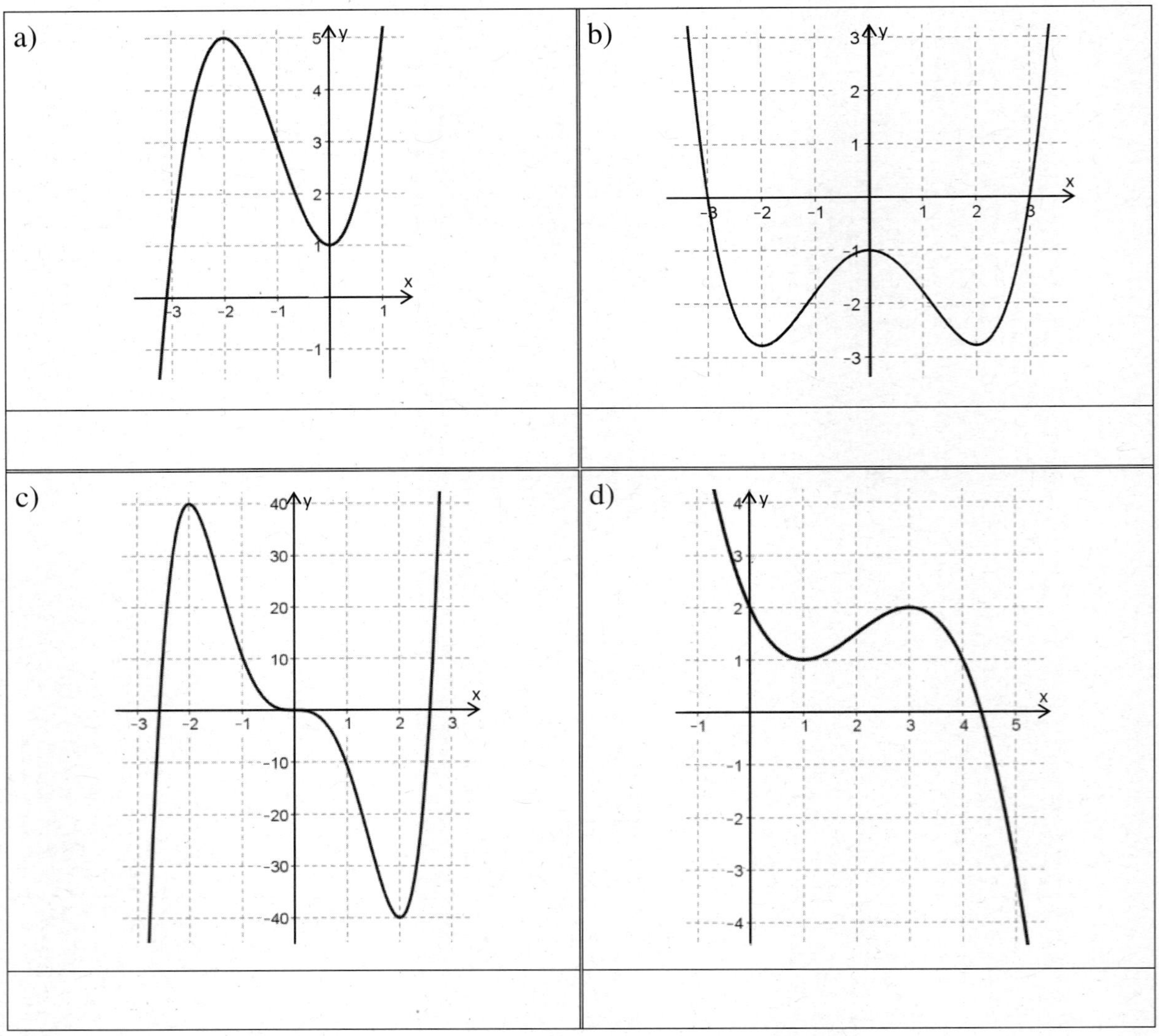

38. Approximationsproblem

Gegeben: $f: \left]-1;\infty\right[\rightarrow \mathbb{R}$ mit $f(x)=\frac{1}{1+x}$.

Gesucht ist diejenige ganzrationale Funktion p fünften Grades, deren Funktionswert und ersten fünf Ableitungen an der Stelle 0 mit denen der Funktion f übereinstimmen.

Stelle für die Funktion p eine Gleichung auf.

Die Abbildung zeigt die Graphen von f und p. Du siehst, dass p in der Nähe von 0 eine gute Approximation (Näherung) an die Funktion f darstellt.

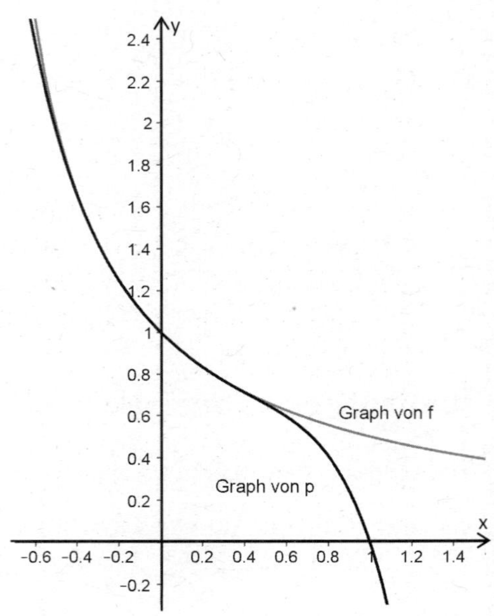

Differenzialgeometrische Aufgaben

39. Die Abbildung zeigt die Graphen folgender Funktionen:

$$f: x \mapsto x^3 - x + 1$$

$$g: x \mapsto \tfrac{1}{8} \cdot \left(3x^3 - 5x^2 - 3x + 13\right)$$

a) Welcher Graph gehört zur Funktion f ?

b) Ermittle die Koordinaten der gemeinsamen Punkte von G_f und G_g.

c) In einem gemeinsamen Punkt können sich zwei Graphen berühren oder schneiden, insbesondere rechtwinklig.
Prüfe, welche Fälle hier vorliegen.

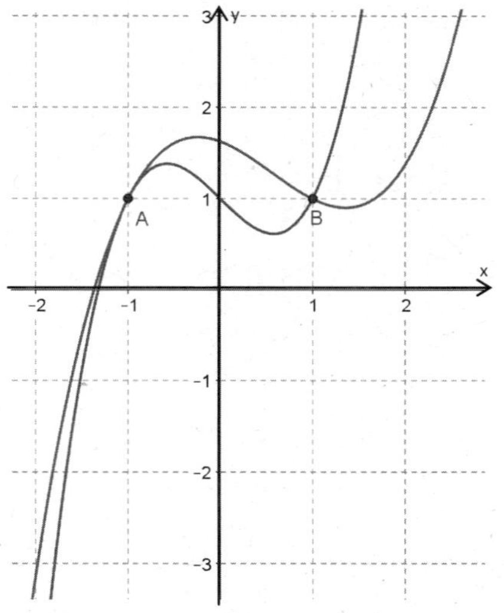

40. Gegeben sind die Funktion

$$f: x \mapsto 1 + x^2 - \tfrac{1}{3}x^3 \text{ (siehe Abbildung)}$$

und die Funktionenschar

$$g: x \mapsto a + bx^3 \text{ mit } a, b \in \mathbb{R}.$$

a) Bestimme die Funktion der Schar, die den Graphen von f an der Stelle 1 berührt.

b) Bestimme die Funktion der Schar, die den Graphen von f an der Stelle 1 rechtwinklig schneidet.

c) Füge in der Abbildung die Graphen der in a) und b) bestimmten Funktionen hinzu.

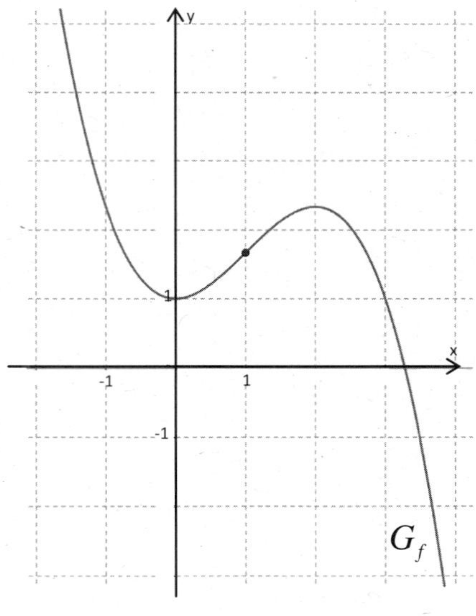

41. Gegeben ist die Funktionenschar

$$f: x \mapsto \tfrac{1}{4}x^3 - ax^2 \text{ mit } a \in \mathbb{R}.$$

a) Die Abbildung zeigt eine Scharkurve.
Finde den zugehörigen Parameter a und bestätige rechnerisch, dass der Schnittwinkel mit der x-Achse tatsächlich rund 76° groß ist.

b) Bestimme die Funktionen der Schar, deren Graphen die x-Achse unter einem Winkel vom Maß 45° schneiden.

c) Füge in der Abbildung die Graphen der in b) bestimmten Funktionen hinzu.

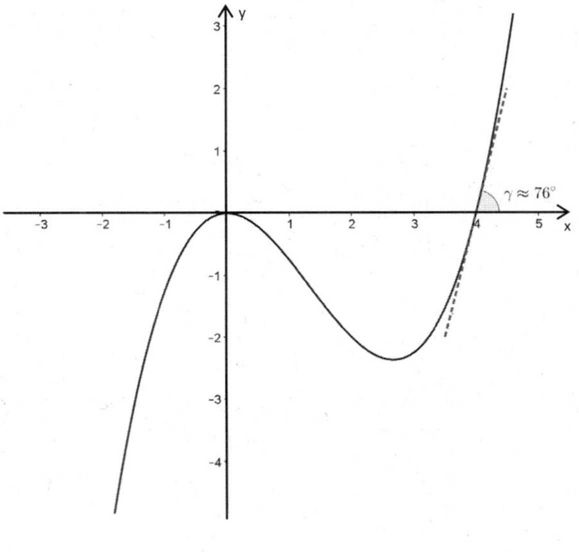

42. Die Abbildung zeigt den Graphen der Funktion

$$f: x \mapsto 1 + \frac{6}{5}x^2 - \frac{1}{5}x^4.$$

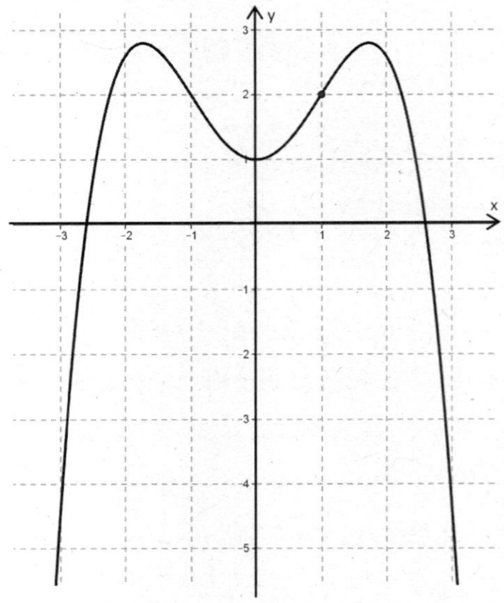

a) Zeichne die Tangente von G_f an der Stelle 1 und bestimme eine Gleichung dieser Tangente.

b) Berechne, wo und unter welchem Winkel diese Tangente den Graphen von f noch einmal schneidet.

43. Die Abbildung zeigt den Graphen der Funktion

$$f: x \mapsto \frac{1}{4}x^4 + \frac{1}{2}x^3 - \frac{3}{4}x^2 + 1.$$

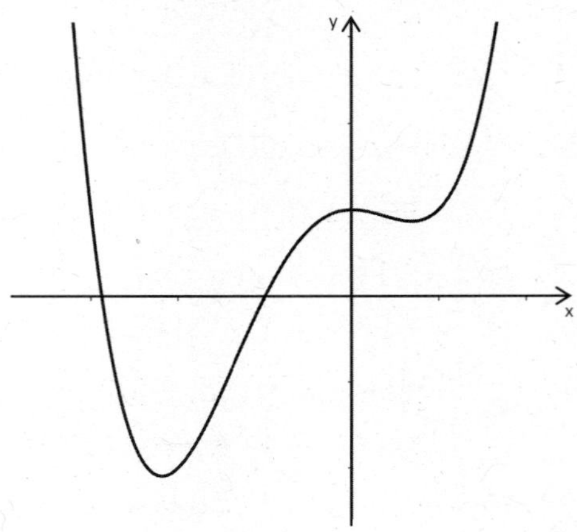

a) Lege vom Koordinatenursprung die Tangente an G_f. Welche Besonderheit scheint vorzuliegen?

b) Berechne für die in a) gezeichnete Tangente eine Gleichung und gib die Berührpunkte an.

44. Die Abbildung zeigt den Graphen von

$$f: x \mapsto 3x - x^2.$$

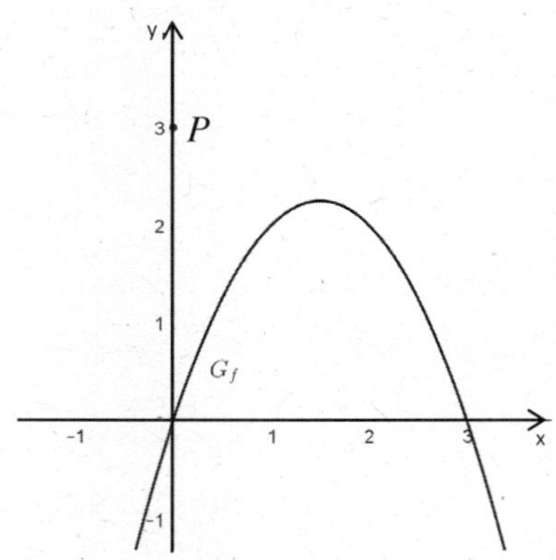

a) Skizziere die Normale von G_f durch den Punkt $P(0|3)$.

b) Bestimme für die in a) gezeichnete Normale eine Gleichung.

45. Gegeben ist die Funktionenschar $f: x \mapsto 3ax^2 - x^3$ mit $a \in \mathbb{R}$.

a) Skizziere den Graphen für $a = 1$.

b) Bestimme für jede Scharkurve den Wendepunkt.

c) Bestimme eine Gleichung der Kurve, auf der die Wendepunkte aller Scharkurven liegen.

Vermischte Aufgaben

46. Kurvendiskussion

Gegeben: $f: x \mapsto \frac{1}{4}x^4 - \frac{1}{3}x^3 - x^2 + \frac{8}{3}$

a) Bestimme die lokalen und globalen Extremwerte.

b) Untersuche die Funktion auf Nullstellen.

c) Berechne die Wendepunkte.

d) Zeichne den Graphen.

47. Graphen verschieben

Gegeben ist die Funktion f mit $f(x) = \frac{1}{4}(x+1)^2 \cdot (x-3)^2$.

a) Skizziere G_f.

b) Berechne den Hochpunkt von G_f.

c) Verschiebe G_f um -1 in x-Richtung.
Skizziere den verschobenen Graphen und bestimme eine Gleichung der zugehörigen Funktion.

d) Verschiebe G_f so in y-Richtung, dass ein Graph entsteht, der genau drei Nullstellen hat. Berechne diese Nullstellen.

e) Welche Symmetrien besitzen die drei Funktionsgraphen?

48. Symmetrie

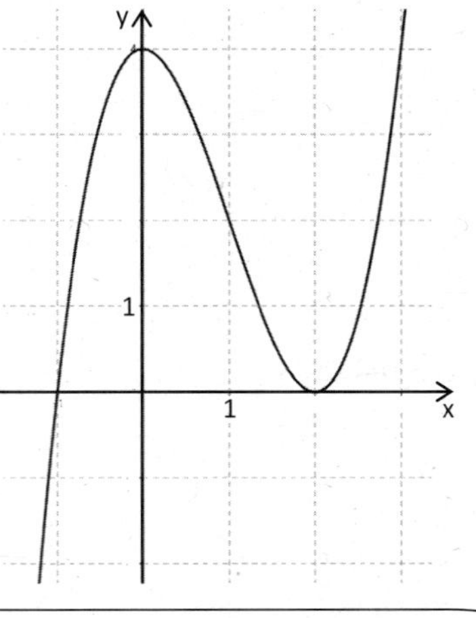

Die Abbildung zeigt den Graphen der Funktion

$$f: x \mapsto x^3 - 3x^2 + 4.$$

a) Berechne den Wendepunkt von f.

b) Spiegele G_f am Punkt $W(1|2)$.
Was beobachtest du?

c) Beweise:
f ist symmetrisch zum Punkt W.
Wurzel und Silvester geben dir einen *Tipp*:

d) *Für Profis*
Beweise: Jede ganzrationale Funktion dritten Grades …
① … hat einen Wendepunkt,
② … ist zu diesem Wendepunkt symmetrisch.

49. Faktorisieren

Gegeben: $f: x \mapsto 2 \cdot (1 - x - 2x^2 + 2x^3 + x^4 - x^5)$.

a) Faktorisiere den Funktionsterm so weit wie möglich.

b) Skizziere mit Hilfe des faktorisierten Terms den Graphen.

c) Berechne nachträglich die übrigen Extrem- und Wendestellen.

50. Gegeben ist $f: \mathbb{R} \to \mathbb{R}$ mit $f(x) = ax^5 - bx^3 + cx;\ a, b > 0,\ c \in \mathbb{R}$.

a) Zeige: $f''(x) = 20ax \cdot (x - w) \cdot (x + w)$ mit $w = \sqrt{\frac{3b}{10a}}$.

b) Ermittle die Krümmungsintervalle von G_f.

c) Begründe:
G_f hat drei Wendepunkte, und diese Wendepunkte liegen auf einer Geraden.

51. Pflanzenwachstum

Bei der Beobachtung des Wachstums einer Blume entstand der folgende Funktionsgraph; auf der waagerechten Achse wurde die Zeit in Tagen und auf der senkrechten Achse die Pflanzenhöhe in cm aufgetragen.

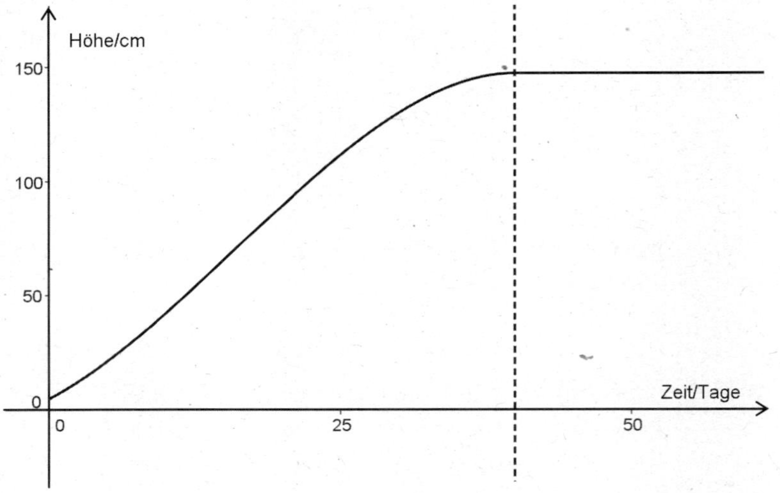

Für die Wachstumsphase wurde als Funktionsgleichung ermittelt:

$$h(t) = -\frac{1}{360}t^3 + \frac{2}{15}t^2 + \frac{8}{3}t + 5.$$

a) Bestimme die Pflanzenhöhe am Ende des 18. Tages.

b) Berechne …

- … die mittlere Wachstumsgeschwindigkeit in den ersten zehn Tagen,
- … die mittlere Wachstumsgeschwindigkeit am zehnten Tagen,
- … die momentane Wachstumsgeschwindigkeit am Ende des zehnten Tages.

Gib die Geschwindigkeiten in $\frac{\text{cm}}{\text{d}}$ an und runde auf eine Dezimale.

c) Zu welchem Zeitpunkt ist die Wachstumsgeschwindigkeit am größten? Wie groß ist diese Geschwindigkeit?

d) Nach wie vielen Tagen ist die Pflanze ausgewachsen? Wie groß ist sie geworden?

52. Umgehungsstraße

Zu einer vielbefahrenen Bundesstraße, die quer und schnurgerade durch einen Ort geht, soll eine Umgehung gebaut werden.

Die Abbildung zeigt einen Kartenausschnitt, auf dem die Bundesstraße (Gerade AC) und der Verlauf der Umgehungsstraße (gestrichelte Linie) eingezeichnet sind; alle Angaben in km.

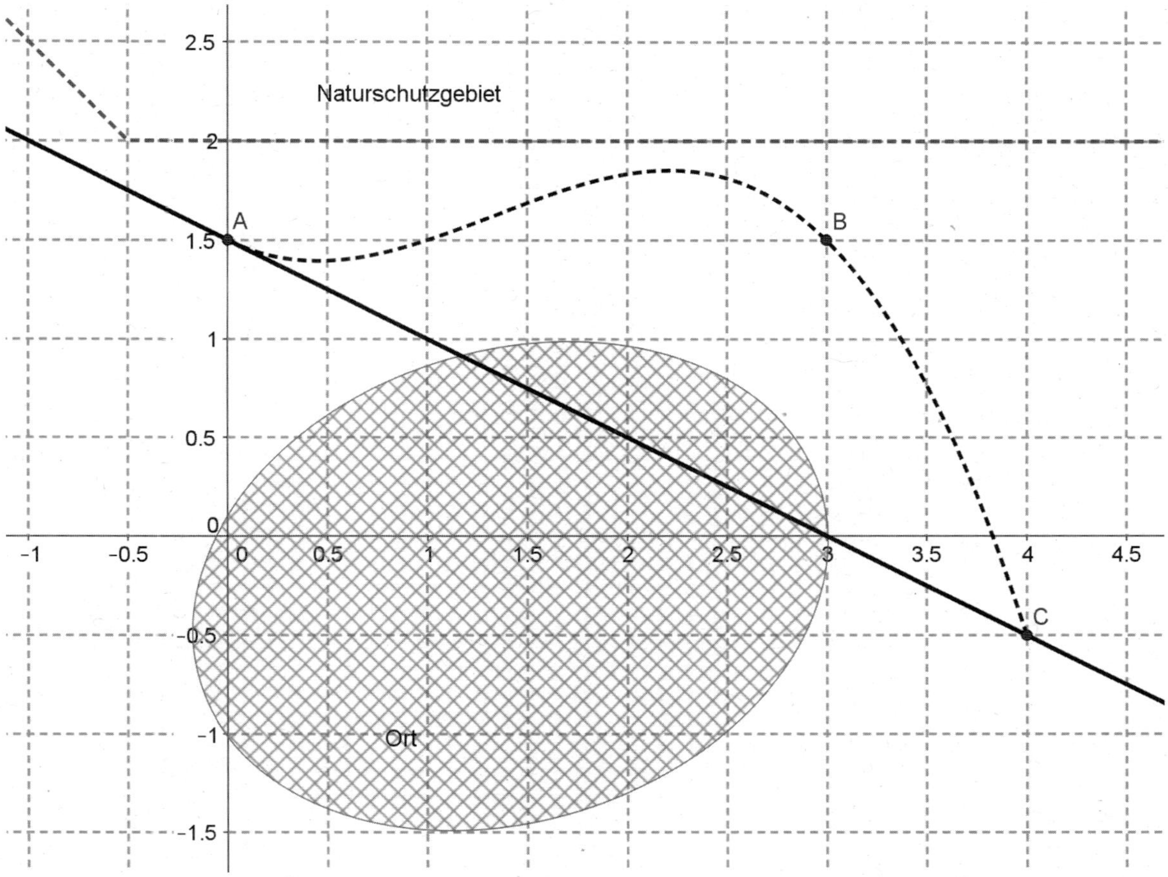

a) Die Umgehungsstraße soll im Punkt A „glatt" an die Bundesstraße anschließen, soll durch den Punkt B gehen und im Punkt C unter irgendeinem Winkel wieder auf die Bundesstraße treffen.

Bestimme eine ganzrationale Funktion dritten Grades, die die Umgehungsstraße zwischen den Anschlussstellen beschreibt.

(Ergebnis: $f(x) = -\frac{1}{6}x^3 + \frac{2}{3}x^2 - \frac{1}{2}x + \frac{3}{2}$)

b) Nördlich des Ortes befindet sich ein Naturschutzgebiet (vgl. Abbildung). Der Abstand der Umgehungsstraße zu diesem Gebiet soll 100 m nicht unterschreiten.

Prüfe, ob diese Bedingung erfüllt ist.

c) Bestimme den Punkt der Umgehungsstraße, in dem sich der Krümmungssinn der Straße ändert.

d) Berechne das Maß des Winkels, unter dem die Umgehungsstraße im Punkt C auf die alte Straße trifft.

53. Geradlinige Bewegung

Ein Massenpunkt bewegt sich unter dem Einfluss einer Kraft auf einer Geraden. Mit $s(t)$ bezeichnen wir seine Koordinate zum Zeitpunkt t. Im Beobachtungszeitraum $(0 \leq t \leq 12)$ bewegt er sich gemäß der Vorschrift

$$s(t) = \frac{1}{6}t^3 - \frac{5}{2}t^2 + 8t\ ,$$

t wird in Sekunden, s in Metern gemessen. Die Abbildung zeigt den Graphen der Funktion $t \mapsto s(t)$.

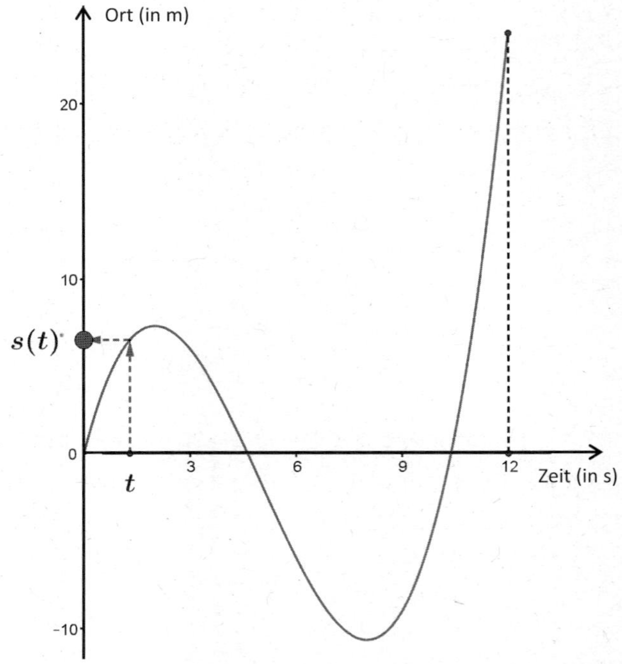

a) Wo befindet sich der Massenpunkt zu den Zeitpunkten 0, 3, 6, 9 und 12 (Sekunden)? Trage die Ergebnisse in die Tabelle ein.

t (in s)	0	3	6	9	12
s (in m)					
v (in $\frac{m}{s}$)					

b) Welche Geschwindigkeit hat der Massenpunkt zu den Zeitpunkten 0, 3, 6, 9 und 12 (Sekunden)?
Ergänze die Tabelle in a).
Was beschreibt das Vorzeichen der Geschwindigkeit?

c) Berechne die Zeitpunkte und Orte, an denen der Massenpunkt seine Bewegungsrichtung ändert.

d) Zu welchem Zeitpunkt geht der Massenpunkt durch den Nullpunkt der s-Achse?

e) Berechne den Wendepunkt der Funktion $t \mapsto s(t)$ und erkläre seine Bedeutung im Sachzusammenhang.

f) Beschreibe den Bewegungsablauf im Beobachtungszeitraum in Worten. Welchen Weg legt der Massenpunkt insgesamt zurück?

54. Aus der Wirtschaft

Eine Firma produziert Monitore. Die Produktion von x Monitoren pro Tag kostet

$$k(x) = 0{,}02\,x^3 - 3\,x^2 + 170\,x + 2300 \text{ (Euro).}$$

Die Funktion $x \mapsto k(x)$ heißt **Kostenfunktion**.

Pro Tag können maximal 130 Monitore hergestellt werden (**Kapazitätsgrenze**).

Die Monitore werden zum Stückpreis von 116 € verkauft. Die Einnahmen, die aus dem Verkauf erzielt werden, heißen **Erlös** (oder Umsatz).

a) An einem Tag werden 100 Monitore hergestellt und verkauft. Wie hoch sind an diesem Tag Kosten, Erlös und Gewinn?

b) Sei x die an einem Tag produzierte und verkaufte Stückzahl.
Welcher Erlös und welcher Gewinn werden an diesem Tag erzielt?

E(x) =

G(x) =

Die Funktionen $x \mapsto E(x)$ und $x \mapsto G(x)$ heißen **Erlösfunktion** bzw. **Gewinnfunktion**.

c) Die Abbildung zeigt die Graphen der Kosten- und Erlösfunktion.
Lies ab, welche Tagesstückzahlen zu einem Gewinn führen (**Gewinnzone**). Bestätige dein Ergebnis rechnerisch.

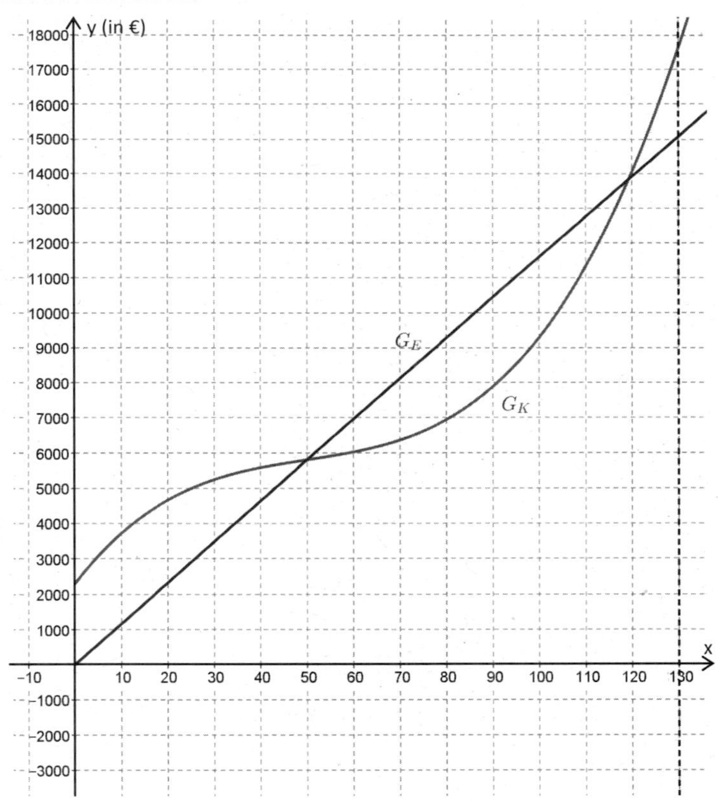

d) Bei welcher Stückzahl ist der Gewinn maximal? Wie groß ist der maximale Gewinn?

e) Skizziere den Graphen der Gewinnfunktion in der Abbildung von c).

f) Wegen großer Nachfrage soll die volle Produktionskapazität von 130 Monitoren pro Tag ausgeschöpft werden. Zu welchem Preis müssten die Monitore verkauft werden, damit die Firma keinen Verlust macht?

55. Konzentration eines Medikaments im Blut

Die Konzentration eines in Tablettenform verabreichten Medikaments im Blut eines Patienten wird durch die Funktion k mit

$$k(t) = \frac{5}{432}\cdot\left(t^3 - 36t^2 + 324t\right); \quad (0 \leq t \leq 18)$$

modelliert. Dabei wird t in Stunden seit der Einnahme und $k(t)$ in $\frac{\text{mg}}{\ell}$ (Milligramm pro Liter Blut) gemessen. Die Abbildung zeigt den Graphen von k.

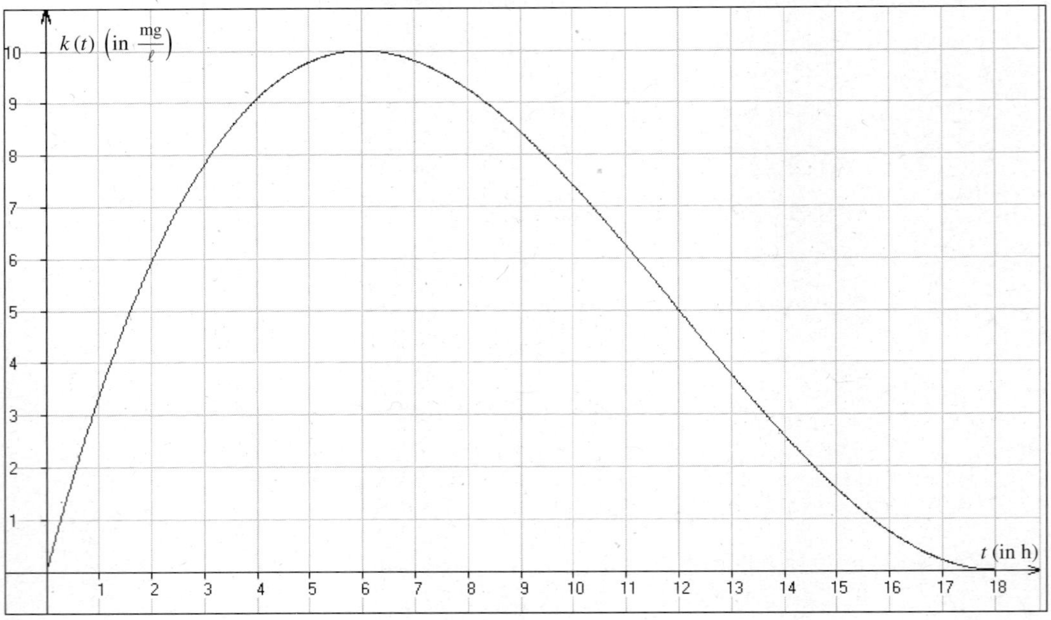

a) Das Medikament ist wirksam, wenn die Konzentration im Blut mindestens $6\frac{\text{mg}}{\ell}$ beträgt. Bestimme zeichnerisch den Zeitraum, in dem das Medikament wirksam ist. Markiere den Zeitraum in der Abbildung farbig.
Hinweis: Die rechnerische Lösung führt auf eine Gleichung, die du nur mit einem Näherungsverfahren (Intervallschachtelung oder Newton-Verfahren) lösen kannst.

b) Zu welchem Zeitpunkt ist das Medikament vollständig abgebaut?

c) Berechne, zu welchem Zeitpunkt die Konzentration ihren höchsten Wert erreicht, und bestimme die maximale Konzentration.

d) Berechne die momentane Änderungsrate der Medikamentenkonzentration zu den Zeitpunkten 0, 2, 10 und 15. Welche Maßeinheit hat diese Änderungsrate?

e) Ermittle anhand des Graphen den Zeitpunkt, zu dem das Medikament am stärksten abgebaut wird. Bestätige dein Ergebnis durch Rechnung.

56. a) Die Funktion f hat die Nullstelle 1 und die Ableitung $f': x \mapsto x^2 - 2x - 3$.
Bestimme eine Gleichung der Funktion.
$\left(\text{Ergebnis: } f(x) = \frac{1}{3}x^3 - x^2 - 3x + \frac{11}{3}\right)$

b) Diskutiere die Funktion f.

c) Füge im Schaubild von b) die Normale von G_f an der Stelle 0 hinzu und bestimme eine Gleichung dieser Normalen.

d) Berechne alle Schnittpunkte und Schnittwinkel dieser Normalen mit G_f.

57. a) Der Graph einer ganzrationalen Funktion f vierten Grades ist symmetrisch zur y-Achse und hat im Wendepunkt $W(2|0)$ die Steigung -2.

Bestimme eine Gleichung der Funktion.

$\left(\text{Ergebnis: } f(x) = \frac{1}{32}x^4 - \frac{3}{4}x^2 + \frac{5}{2}\right)$

b) Diskutiere die Funktion f.

c) Markiere in deiner Zeichnung folgende Punktmenge farbig:

$$M = \left\{ \left(x \,|\, f(x) \right) \;\middle|\; f'(x) \le 0 \text{ und } f''(x) \ge 0 \right\}.$$

d) Bestimme Gleichungen der Wendetangenten.

Wo und unter welchem Winkel schneiden sich die Wendetangenten?

e) Bestimme in der Parabelschar mit der Gleichung $y = ax^2 + b$ die Parabel, die G_f in den Wendepunkten rechtwinklig schneidet.

58. a) Der Graph einer ganzrationalen Funktion dritten Grades geht durch den Ursprung und seine Tangente im Wendepunkt $W(2|?)$ hat die Gleichung $y = \frac{3}{2}x - 1$.

Stelle eine Funktionsgleichung auf.

b) Zeichne den Graphen der Funktion $f:\ x \mapsto -\frac{1}{8}\cdot\left(x^3 - 6x^2\right)$.

c) Wähle $x \in [0;6]$ und betrachte das Dreieck mit den Eckpunkten $A(x|0)$, $B(6|0)$ und $C(x|f(x))$. Für welchen Wert von x hat das Dreieck maximalen Flächeninhalt?

59. a) Gegeben ist die Funktionenschar $f:\ x \mapsto ax^3 + bx^2 + cx$.

Bestimme alle Funktionen der Schar, die an der Stelle 1 eine waagerechte Tangente und an der Stelle 2 einen Wendepunkt haben.

$\left(\text{Ergebnis: } f(x) = a\cdot\left(x^3 - 6x^2 + 9x\right)\right)$

b) Diskutiere die Funktionenschar $f:\ x \mapsto a\cdot\left(x^3 - 6x^2 + 9x\right)$ für $a > 0$.

Zeichne die Graphen für $a \in \left\{1, \frac{1}{2}\right\}$ in dasselbe Koordinatensystem.

c) Füge in der Zeichnung von b) die Scharkurven zu $a = -1$ und $a = -\frac{1}{2}$ hinzu.

d) Bestimme die Funktionen in der Schar $f:\ x \mapsto a\cdot\left(x^3 - 6x^2 + 9x\right)$, deren Normale im Wendepunkt durch den Koordinatenursprung geht.

e) Wo und unter welchem Winkel schneidet die erste Winkelhalbierende den Graphen von $f:\ x \mapsto x^3 - 6x^2 + 9x$?

60. Gegeben ist die Funktionenschar $f:\ x \mapsto x^3 - 3ax + 4$ mit $a > 0$.

a) Zeige: Jede Funktion der Schar hat mindestens eine Nullstelle.

b) Berechne die Hoch- und Tiefpunkte der Scharkurven.

c) Zeige: Die Scharkurven haben alle denselben Wendepunkt.

d) Bestimme die Funktion der Schar, die das lokale Maximum 6 hat.

e) Skizziere die Graphen für $a \in \{1, 2\}$ im selben Koordinatensystem.

f) Wie viele Nullstellen eine Scharkurve hat, hängt von der Lage ihrer Extrempunkte ab. Bestimme die Zahl der Nullstellen in Abhängigkeit von a.

g) Ermittle ein Intervall der Länge 0,01, in dem die Nullstelle von $f:\ x \mapsto x^3 - 3x + 4$ liegt.

h) Ermittle eine Gleichung der Kurve, auf der die in b) bestimmten Extrempunkte der Scharkurven liegen.

i) Bestimme die Funktion der Schar, deren Graph von der Parabel mit der Gleichung $y = \frac{7}{2} - x^2$ rechtwinklig geschnitten wird.

61. Gegeben ist die Funktionenschar $f_a:\ x \mapsto 2x^3 - ax^2 - ax + 2$ mit $a \in \mathbb{R}$.

a) Zeige: Ist x_0 Nullstelle einer Funktion f_a, so auch $\frac{1}{x_0}$.

b) Zeige: Es gibt zwei Punkte, durch die alle Graphen der Schar gehen.

c) Untersuche, wie viele waagerechte Tangenten die einzelnen Scharkurven haben.

d) Welche Scharkurve hat die Wendestelle $\frac{1}{2}$?

e) Diskutiere $f:\ x \mapsto 2x^3 - 3x^2 - 3x + 2$.

f) Lege von $P(0|1)$ die Tangente an den Graphen von f. Ermittle eine Gleichung dieser Tangente sowie die Koordinaten des Berührpunktes.

g) Berechne die Schnittpunkte des Graphen von f mit der Geraden $g:\ y = 2x - 4$.

62. a) Bestimme die Funktion in der Funktionenschar $f:\ x \mapsto ax^4 + bx^2 + cx + d$, deren Graph die x-Achse im Ursprung unter 45° schneidet und im Punkt $(2|0)$ berührt.

b) Diskutiere die Funktion $f:\ x \mapsto \frac{1}{16}x^4 - \frac{3}{4}x^2 + x$.

c) Bestimme die Funktion F, die f als Ableitung hat und die Nullstelle -2 besitzt.

d) Lies aus dem Schaubild von f folgende Eigenschaften der Funktion F ab:

Monotonieintervalle, Extremstellen, Krümmungsintervalle, Wendestelle.
Skizziere den Graphen von F ohne größere Rechnung.

63. Längste Strecke

Die Abbildung zeigt die Graphen der Funktionen f und g mit

$f(x) = -\frac{1}{5}x^3 + x^2$ und $g(x) = -\frac{1}{2}x^2 + \frac{12}{5}x + \frac{8}{5}$.

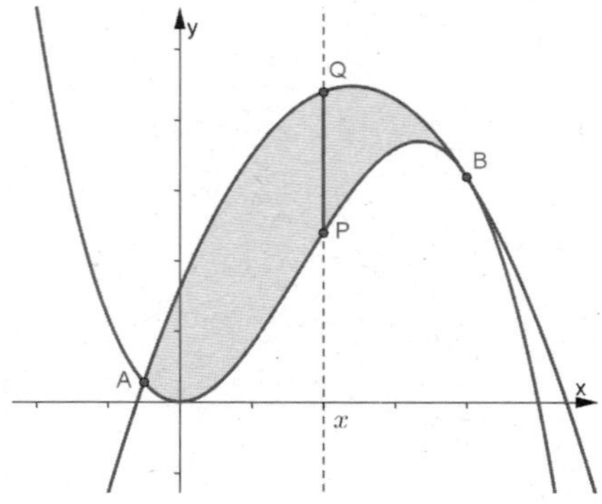

a) Berechne die gemeinsamen Punkte der beiden Graphen.

b) Begründe, dass sich die beiden Graphen im Punkt B berühren.

c) Bestimme die Parallele zur y-Achse zwischen A und B, für die die Strecke $\overline{PQ}$ maximale Länge hat. Gib die maximale Länge und die Koordinaten der Punkte P und Q an.

64. Methode der kleinsten Quadrate

Gegeben sind die vier Punkte A, B, C und D und eine beliebige Ursprungsgerade, ihre Gleichung sei $y = mx$.

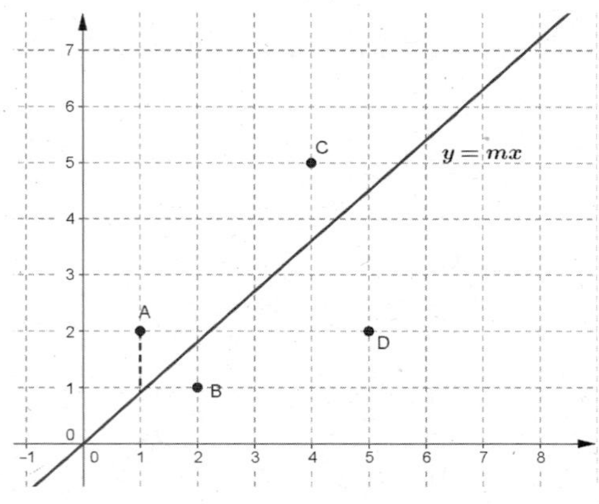

a) Markiere für A, B, C, D jeweils den senkrecht unterhalb bzw. oberhalb gelegenen Punkt auf der Geraden und gib die Differenz der y-Koordinaten der beiden Punkte an.

b) Zeige: Die Summe der Quadrate der in a) bestimmten Abweichungen beträgt

$$q(m) = (m-2)^2 + (2m-1)^2 + (4m-5)^2 + (5m-2)^2.$$

c) Berechne $q(0)$, $q(1)$ und $q(2)$.

d) Bestimme m so, dass die Summe der Quadrate der Abweichungen minimal ist.

e) Füge in der Abbildung die Gerade mit der in d) bestimmten Steigung hinzu. Diese Gerade heißt **Ausgleichsgerade**.

65. Interpolation

Gegeben sind die vier Punkte A, B, C, D.

Es gibt eine ganzrationale Funktion f dritten Grades, deren Graph (gestrichelte Linie) durch die vier Punkte geht.

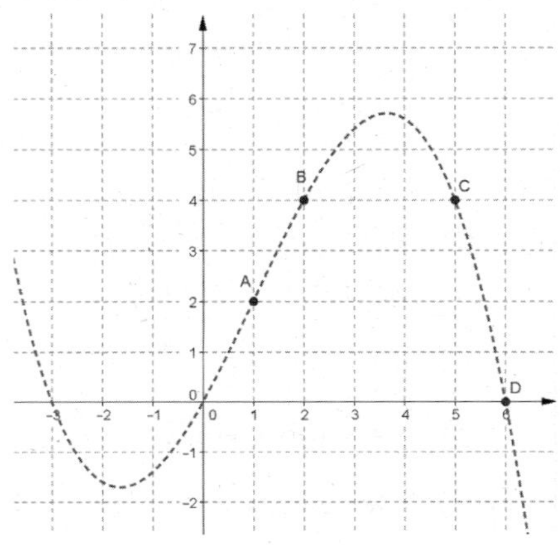

a) Mache für den Funktionsterm den Ansatz

$$f(x) = a + b\cdot(x-1) + c\cdot(x-1)\cdot(x-2) + d\cdot(x-1)\cdot(x-2)\cdot(x-5)$$

(Newton-Interpolationsformel) und berechne die Koeffizienten a, b, c, d.

b) Zeige durch Ausmultiplizieren: $f(x) = -\frac{1}{10}x^3 + \frac{3}{10}x^2 + \frac{9}{5}x$.

c) Berechne die Nullstellen, Extremstellen und Wendestelle von f und prüfe, ob die rechnerischen Ergebnisse mit dem Schaubild im Einklang stehen.

66. Einkommensteuer

§ 32a Einkommensteuertarif:

Die tarifliche Einkommensteuer bemisst sich nach dem zu versteuernden Einkommen. Sie beträgt (Stand 2014) jeweils in Euro für zu versteuernde Einkommen

1. bis 8.354 € (Grundfreibetrag): 0;
2. von 8.355 € bis 13.469 €: $(974{,}58 \cdot y + 1400) \cdot y$;
3. von 13.470 € bis 52.881 €: $(228{,}74 \cdot z + 2397) \cdot z + 971$;
4. von 52.882 € bis 250.730 €: $0{,}42 \cdot x - 8239$;
5. von 250.731 € an: $0{,}45 \cdot x - 15761$.

y ist ein Zehntausendstel des 8.354 € übersteigenden Teils des auf einen vollen Euro-Betrag abgerundeten zu versteuernden Einkommens. z ist ein Zehntausendstel des 13.469 € übersteigenden Teils des auf einen vollen Euro-Betrag abgerundeten zu versteuernden Einkommens. x ist das auf einen vollen Euro-Betrag abgerundete zu versteuernde Einkommen.

Der sich ergebende Steuerbetrag ist auf den nächsten vollen Euro-Betrag abzurunden.

a) Sei x das zu versteuernde Einkommen (kurz: Einkommen); das Abrunden auf volle Eurobeträge kannst du außer Acht lassen. Zeige, dass für die **Steuerfunktion** gilt:

$$S(x) = \begin{cases} 0, \text{ wenn } 0 \le x < 8355 \\ 974{,}58 \cdot \left(\frac{x - 8354}{10000}\right)^2 + 0{,}14 \cdot (x - 8354), \text{ wenn } 8355 \le x < 13470 \\ 228{,}74 \cdot \left(\frac{x - 13469}{10000}\right)^2 + 0{,}2397 \cdot (x - 13469) + 971, \text{ wenn } 13470 \le x < 52881 \\ 0{,}42 \cdot x - 8239, \text{ wenn } 52882 \le x < 250731 \\ 0{,}45 \cdot x - 15761, \text{ wenn } x \ge 250731 \end{cases}$$

b) Zeichne mit einer Kurvensoftware (z. B. GeoGebra) den Graphen der Steuerfunktion.

c) Die Steuerfunktion gilt für ledige Steuerzahler. Bei Eheleuten wird die Steuer nach dem sogenannten **Splitting-Verfahren** berechnet: Die Einkommensteuer beträgt das Doppelte des Steuerbetrags, der sich für die Hälfte des gesamten Einkommens ergibt.

Vergleiche die Einkommenssteuer, die ein Lediger und ein Ehepaar bei einem Einkommen von 60000 € bezahlen müssen.

d) Als **Durchschnittsbelastung** wird der Anteil der Steuern am jeweiligen Einkommen bezeichnet. Wie hoch ist die Durchschnittsbelastung eines ledigen Steuerzahlers bei einem Einkommen von 68700 €? Begründe, dass die Durchschnittsbelastung mit steigendem Einkommen steigt und für $x \to \infty$ gegen 45% strebt.

e) Junggeselle Roland hatte im vergangenen Jahr das Einkommen x. In diesem Jahr erhöht sich sein Einkommen um den Betrag h. Welchen Anteil von h muss er als Steuer abführen? Dieser Anteil heißt **durchschnittlicher Steuersatz im Einkommensintervall** $[\boldsymbol{x}; \boldsymbol{x}+\boldsymbol{h}]$. Was bedeutet dieser durchschnittliche Steuersatz geometrisch?

f) Der Grenzsteuersatz ist in einem Lexikon der Wirtschaftswissenschaften wie folgt definiert:

> „Verhältnis zwischen der Änderung des Steuerbetrages und der Änderung des zu versteuernden Einkommens bei hinreichend kleinen Einkommensänderungen."

Präzisiere diesen Begriff mit Hilfe der Differenzialrechnung. Wie groß ist der Grenzsteuersatz für einen ledigen Auszubildenden bei einem Einkommen von 12000 €?

g) Stelle den Grenzsteuersatz grafisch dar und begründe, dass es zu der angegebenen Steuerfunktion S einen größten Grenzsteuersatz gibt.
Dieser größte Grenzsteuersatz heißt **Spitzensteuersatz**.

67. Schneeflockenkurve

Gegeben ist ein gleichseitiges Dreieck mit der Seitenlänge a. Die Seiten des Dreiecks werden gedrittelt. Jeweils über dem mittleren Drittel wird ein gleichseitiges Dreieck errichtet, das mittlere Drittel wird dann gelöscht. Es entsteht ein 12-Eck (vgl. Abbildung). Mit den Seiten des 12-Ecks verfährt man genauso, usw. Das Gebilde, das bei unendlicher Fortsetzung des Verfahrens entsteht, heißt **Schneeflockenkurve** (oder Kochsche Kurve).

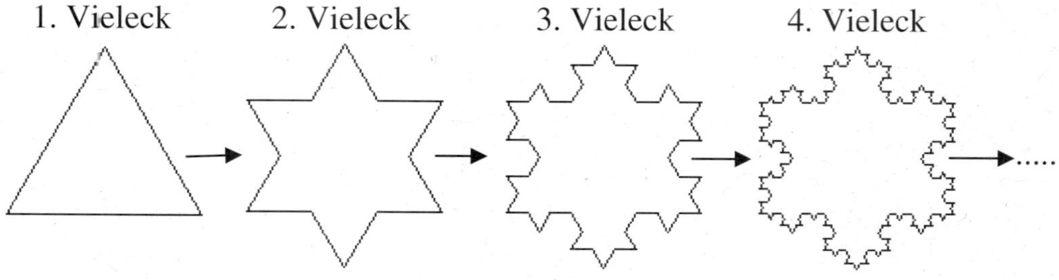

a) Zeichne für $a = 9\,\text{cm}$ das dritte Vieleck.

b) Sei s_n die Anzahl der Seiten des n-ten Vielecks.

- Finde einen Zusammenhang zwischen s_{n+1} und s_n.
- Bestimme iterativ die ersten fünf Glieder der Folge (s_n).
- Gib einen expliziten Term für s_n an.

c) Sei ℓ_n die Länge der Seiten des n-ten Vielecks.

- Finde einen Zusammenhang zwischen ℓ_{n+1} und ℓ_n.
- Bestimme iterativ die ersten fünf Glieder der Folge (ℓ_n).
- Gib einen expliziten Term für ℓ_n an.
- Welchen Umfang hat das n-te Vieleck?

d) Sei A_n der Flächeninhalt des n-ten Vielecks.

- Gib A_1 an.
- Zeige: $A_{n+1} = A_n + \frac{1}{3} \cdot \left(\frac{4}{9}\right)^{n-1} \cdot A_1$.

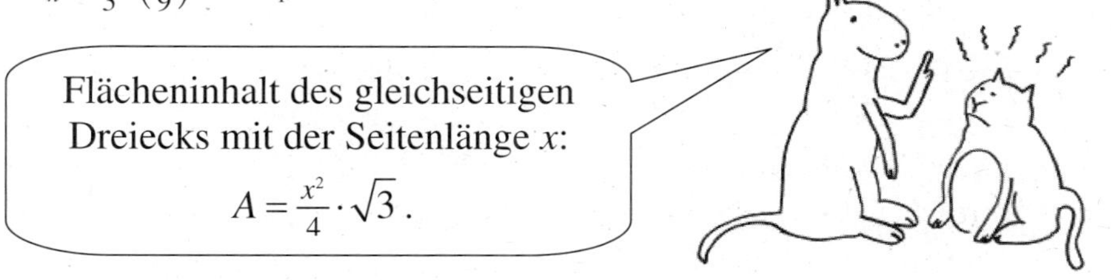

- Zeige durch Rekursion: $A_4 = A_1 + \frac{1}{3} A_1 \cdot \left(1 + \frac{4}{9} + \left(\frac{4}{9}\right)^2\right)$.
- Gib einen expliziten Term für A_n an. (Beachte die Kompetenzaufgabe auf Seite 181.)

e) Berechne den Inhalt der von der Schneeflockenkurve umschlossenen Fläche sowie die Länge der Schneeflockenkurve.

AUF EINEN BLICK

Eine Funktion vom Typ $x \mapsto a_0 + a_1 x + \ldots + a_n x^n$ $(n \in \mathbb{N},\ a_0, a_1, \ldots, a_n \in \mathbb{R},\ a_n \neq 0)$ heißt **ganzrationale Funktion vom Grad *n***. Ganzrationale Funktionen sind in $\mathbb{R}$ differenzierbar und somit auch stetig.

Symmetrie:
Eine ganzrationale Funktion ist genau dann
- symmetrisch zur y-Achse, wenn ihr Funktionsterm nur "gerade x-Potenzen" enthält;
- symmetrisch zum Ursprung, wenn ihr Funktionsterm nur "ungerade x-Potenzen" enthält.

Verhalten im Unendlichen
- Die Funktion $x \mapsto a_n x^n$ $(a_n \neq 0,\ n \geq 1)$ hat für $x \to \pm\infty$ **uneigentliche Grenzwerte**, und zwar
  - für gerade n: $\lim\limits_{x \to \pm\infty} (a_n x^n) = \operatorname{sgn}(a_n) \cdot \infty$
  - für ungerade n: $\lim\limits_{x \to +\infty} (a_n x^n) = \operatorname{sgn}(a_n) \cdot \infty$; $\lim\limits_{x \to -\infty} (a_n x^n) = \operatorname{sgn}(a_n) \cdot (-\infty)$
- Eine ganzrationale Funktion verhält sich für $x \to \pm\infty$ wie ihr Summand mit der höchsten x-Potenz.

Nullstellen
- **Anzahl**: Eine ganzrationale Funktion n-ten Grades hat höchstens n Nullstellen.
- **Linearfaktor abspalten**: Sei f eine ganzrationale Funktion n-ten Grades und x_0 Nullstelle von f. Dann gibt es eine ganzrationale Funktion g vom Grad $n-1$ mit $f(x) = (x - x_0) \cdot g(x)$. Der Faktor $g(x)$ lässt sich mittels Polynomdivision bestimmen.
- **Kandidaten aus $\mathbb{Z}$**: Seien $a_0, a_1, \ldots, a_n$ ganze Zahlen und $a_0 \neq 0$. Als ganzzahlige Lösungen der Gleichung $a_0 + a_1 x + \ldots + a_n x^n = 0$ kommen nur die Teiler von a_0 in Frage.

Mehrfache Nullstelle:
Die Zahl x_0 heißt ***k*-fache Nullstelle** von f, wenn es eine ganzrationale Funktion g gibt mit $f(x) = (x - x_0)^k \cdot g(x)$ und $g(x_0) \neq 0$.

Verhalten an Nullstellen
- An **einfachen Nullstellen** schneidet der Graph die x-Achse mit einer von 0 verschiedenen Steigung.
- An einer **doppelten Nullstelle** hat der Graph einen Hoch- oder Tiefpunkt.
- An einer **dreifachen Nullstelle** hat der Graph einen Sattelpunkt (= Wendepunkt mit waagerechter Tangente).

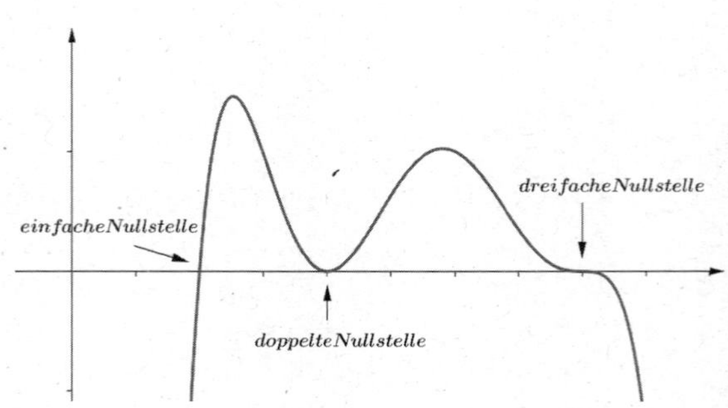

Von **Kurvendiskussion** spricht man, wenn man eine Funktion, die durch eine Gleichung gegeben ist, auf ihre wesentlichen Eigenschaften untersucht und den Graphen zeichnet.

Wesentliche Eigenschaften: Definitionsmenge, Symmetrie, Verhalten am Rand der Definitionsmenge, Nullstellen, Monotonie und Extrempunkte, Krümmungssinn und Wendepunkte.